职业院校摄影摄像系列教材

# 无人机

*Aerial Photography And*
*Videography Using Drones*

# 摄影与摄像

曹博 张小喻 白鑫 著

人民邮电出版社
北京

图书在版编目（CIP）数据

无人机摄影与摄像 / 曹博，张小喻，白鑫著. -- 北京 : 人民邮电出版社，2024.3
ISBN 978-7-115-63596-9

Ⅰ. ①无… Ⅱ. ①曹… ②张… ③白… Ⅲ. ①无人驾驶飞机－航空摄影－教材 Ⅳ. ①TB869

中国国家版本馆CIP数据核字(2024)第034162号

## 内 容 提 要

本书从航拍与无人机的起源、概念、分类、品牌及选购要点讲起；之后讲解了无人机飞行与航拍安全，无人机系统、配件与基本操作，摄影基础与无人机设定，无人机摄影与摄像功能等基础知识；接下来详细讲解了航拍运镜、构图与用光等进阶知识；最后讲解了摄影后期与视颜后期剪辑的相关知识。

本书内容翔实、通俗易懂，并配有大量图片，即便是没有接触过无人机的读者，通过阅读本书也能快速提高航拍水平。本书适合对无人机航拍感兴趣的读者阅读，也适合作为各类院校相关专业的教学用书。

◆ 著　　　曹　博　张小喻　白　鑫
　　责任编辑　胡　岩
　　责任印制　陈　犇
◆ 人民邮电出版社出版发行　　北京市丰台区成寿寺路 11 号
　　邮编　100164　电子邮件　315@ptpress.com.cn
　　网址　https://www.ptpress.com.cn
　　雅迪云印（天津）科技有限公司印刷
◆ 开本：700×1000　1/16
　　印张：14.5　　　　　　　　2024 年 3 月第 1 版
　　字数：252 千字　　　　　　2024 年 3 月天津第 1 次印刷

定价：89.00 元

读者服务热线：(010)81055296　印装质量热线：(010)81055316
反盗版热线：(010)81055315
广告经营许可证：京东市监广登字 20170147 号

# 系列书编委会名单

顾　问：杨恩璞

总策划：吴其萃

主　编：曹　博

编　委：（按姓氏音序排列）

白　鑫　陈建强　陈　琪　陈英杰　崔　波　范　华

高　恒　高鹏飞　胡雅雯　黄春意　黄建土　康缓缓

李晓晴　林　丹　马　也　齐　珂　汤承斌　唐　松

田　雨　王咏梅　吴　惠　吴木春　吴其萃　吴云轩

杨婀娜　杨恩璞　张小喻　郑志强　朱晓兵

**PREFACE**

# 序

## 一

　　培养摄影人才，固然离不开教师引导，但我认为，现代正规高等教育，不应仅仅满足于那种工匠口传手艺的师徒模式，还必须建立一套总结前辈实践经验、吸收当今理论创新的教材。教材，是老师教学的规范、学生修业的指南，只有以教材为轨道，教师才能合乎科学、与时俱进地传授摄影知识。

　　基于上述认识，本世纪初，泉州华光摄影艺术职业学院（即今泉州华光职业学院前身）自创办开始就十分重视摄影专业教材的建设。在吴其萃董事长的支持下，学院组织许多知名教授、学者和摄影师参与策划和撰稿，后由福建人民出版社和高等教育出版社出版了多本教材。这套教材对提高华光的教学质量发挥了巨大作用，其中部分教材还获得了教育部的嘉奖，在摄影界产生了一定影响。

　　时光荏苒，转眼间从华光建校至今已有二十多年。二十多年前摄影刚刚开始从胶片时代步入数码时代，而当下已经全面进入智能数码化和网络化结合时代。无论是摄影理念和作品的创新、摄影器材的更新，还是多媒体教学手段的实施（如现代化广告摄影、视频微电影、手机摄影、无人机航拍、新型的 AI 软件应用和网络教学手法等）都对摄影教育提出了新的课题。为了顺应时代发展的需要，培养学生掌握新观念、新工艺，泉州华光职业学院出版了这系列全新的提升版摄影教材。

　　2003 年，我曾有幸出任华光摄影艺术职业学院第一套摄影系列教材的主编。通过教材的编审和出版，我不仅获得学习、提高的机会，还懂得了出版教材的严肃性，不能误人子弟。如今，我已是耄耋愚叟，力不从心甘居二线，但看到华光学院后继有人，有不少中青年教师参与新书的撰稿，心里感到十分喜悦。相信他们也会认真负责，总结自己的教学经验，并博采国内外摄影界的真知灼见和探索成果，把华光学院的摄影教材打造成精品读物。

泉州华光职业学院名誉院长

北京电影学院教授

2023 年 8 月

　　党的二十大报告提出"统筹职业教育、高等教育、继续教育协同创新,推进职普融通、产教融合、科教融汇,优化职业教育类型定位",强调"健全终身职业技能培训制度",加快建设包括大国工匠和高技能人才在内的"国家战略人才力量","建设全民终身学习的学习型社会、学习型大国",这些重要思想体现了党对职业教育高度重视,表明了职业教育在整个教育体系中的显著分量。职业教育承担着服务于人的全面发展,服务经济社会发展,支撑新发展格局的职责,深化现代职业教育体系建设改革是当前一项迫切而重要的任务。

　　职业教育教材建设是落实这一任务的重要载体。2003 年由泉州华光摄影艺术职业学院组织专家学者与本校教师联合开发的摄影系列教材,作为中国人像摄影学会推荐教材出版。学校经过近二十年的不懈努力,教学科研创作屡创佳绩,获得国家级职业教育精品课、国家规划教材等一系列成果。在职业教育"双高计划"建设背景下,学校积极推进摄影摄像专业群建设,启动第二轮职业教育摄影摄像系列教材建设工作。由曹博教授主编的摄影摄像技术系列教材,坚持对接行业产业数字化转型对摄影摄像人才的要求,立足于职业院校学生全面发展和新时代技术技能人才培养的新要求,着眼学生职业能力提升,服务学生成长成才和创新创业,更加注重产教融合,更加注重教学内容和实践经验结合,提高学生的实践能力和应用能力。本系列教材有以下显著特点。

　　一是坚持标准引领。系列教材依据高等职业学校摄影摄像相关专业教学标准和职业标准(规范),遵循教育教学规律,以职业能力为主线构建课程体系,提升学生职业技能水平和就业能力。系列教材的内容丰富,涵盖了摄影摄像的各个方面,包括基础知识、摄影技术技巧、影像行业应用、后期制作等,反映了广播影视与网络视听行业产业发展的新进展、新趋势、新技术、新规范。

　　二是突出产教融合。系列教材力求突出理论和实践统一,体现产教融合。系列教材适应职业教育项目教学、案例教学、模块化教学等不同要求,注重以真实生产项目、典型工作任务和案例等为载体组织教学单元，具有较强的实用性和可操作性。系列教材的作者团队由摄影摄像领域的专家、职业院校教师，以及行业、企业从业者组成，他们大多具有丰富的教学、科研或企业工作经验，通过采纳企业一线案例和技术技能，采取多主体协同工作的形式开发教材内容，便于学习者养成良好的职业品格和行为习惯。

三是体现创新示范。系列教材编排科学合理、形式活泼，积极尝试新形态教材建设，开发了活页式、工作手册等形式的教材，配套视频内容丰富，并作为国家级、省级精品课程配套资料。学习者通过平台观看配套的数字课程，以翻转课堂，线上线下混合式学习，打造学习新场景。

相信，此系列教材的出版，将为职业院校广播影视类专业师生教与学提供一套系统、全面、实用的参考书籍。

全国广电与网络视听职业教育教学指导委员会秘书长

教育部高等学校新闻传播学类专业教学指导委员会委员

山西传媒学院教授

郭卫东

2023 年 9 月

FOREWORD
前言

　　本书集结了我多年来在无人机摄影领域积累的知识和经验，包括无人机航拍的用途、飞行安全注意事项、航拍运镜、航拍视频的后期剪辑等。

　　无人机摄影是近年来流行的摄影方式，它以全新的视角和视野改变了我们对影像的认识。从高空中鸟瞰的视角，使我们能够发现平日无法见到的美丽景色，也能使我们更好地理解和表现世界。希望您通过学习本书可以掌握无人机摄影的基础知识，巧用摄影用光、构图等专业知识来服务航拍，并在此基础上进行深入的实践和创新。

　　在本书中，我将从无人机的基础知识开始讲解，带领大家了解不同无人机的性能和特性，学习如何安全地控制无人机飞行，逐步深入探讨航拍技巧，学习如何捕捉美丽的风景和特殊的瞬间。通过研究不同的运动镜头和拍摄手法，让航拍视频更具视觉冲击力和叙事表现力。

　　在撰写本书的过程中，我深感摄影是一种艺术。它需要我们有丰富的理论知识，也需要我们有丰富的实践经验。我希望本书能够帮助您在理论和实践中找到适合自己的拍摄技巧，并在无人机摄影的旅程中不断进步。

　　在本书的编写过程中，有许多人给予我无私的帮助和支持。我要感谢我的影友们，他们无私地给我提供了宝贵的照片素材；我还要感谢我的同事们，他们在专业知识方面为我提供了无尽的支持；我要感谢我的学生们，他们的好奇心和热情激发了我不断探索和学习新知识的动力；我还要感谢我的家人，他们始终坚定地支持我，让我能够全身心地投入这个项目。

　　无人机摄影是一种创新的视觉表达方式，也是一种将世界以全新角度呈现的方式。我期待着您通过学习和实践，找到属于自己的视角，捕捉并分享那些只有您能看见的独特风景。

再次感谢您选择本书，本书将是您无人机摄影旅程的起点，将带领您进入一个全新的世界。我期待您在阅读本书的过程中，能够找到属于自己的摄影风格和视角，并在无人机摄影的旅程中享受飞翔的快乐和创作的满足。让我们一起开始这段旅程，去追寻属于自己的视觉世界，一起创新，一起探索无人机摄影的无尽可能。

泉州华光职业学院　张小喻

2023 年 6 月

CONTENTS
目录

## 第 8 章　航拍景别、光线、构图与视角 ······························· 152

# 第 1 章
# 初识无人机与航拍

无人机航拍是指利用无人机搭载相机或其他传感器设备进行空中摄影、测绘、勘察等的技术。本章将介绍无人机的概念及分类、航拍无人机的品牌、选购无人机的参考因素等内容。

## 1.1 无人机的概念及分类

无人驾驶飞机简称"无人机",英文缩写为"UAV",是利用无线电遥控设备和自备的程序控制装置操纵的不载人飞机。与有人驾驶飞机相比,无人机在复杂地形或环境中能更容易到达目标区域,并完成高清晰度及高精度的拍照和测量任务。

无人机按应用领域可分为军用与民用。民用方面,无人机目前在航拍、农业、植物保护、微型自拍、快递运输、灾难救援、观察野生动物、监控传染病、测绘、新闻报道、电力巡检等领域的应用,大大拓展了无人机本身的用途。

需要注意的是,民用无人机还可以延伸出消费级无人机这一类别,这类无人机主要用于娱乐领域,如进行摄影或摄像创作,或进行无人机编队表演等。

根据飞行器形状和特征的不同,无人机一般可以分为多旋翼无人机、固定翼无人机、无人直升机、复合类无人机和其他类型。

多旋翼无人机:包括四旋翼、六旋翼、八旋翼等,常用于执行近距离或复杂环境下的空中摄影、即时监控和快速响应等任务,同时也是最常见的消费级无人机;缺点是巡航时间短。

固定翼无人机:形状类似于传统的飞机,通常具有高速飞行能力和较长的巡航时间,适用于长时间航拍和执行数据收集任务;缺点是起降困难,无法悬停。

无人直升机:具有拉力大、效率高等优势;缺点是操作困难,危险性大。

复合翼无人机:将固定翼与旋翼技术结合起来,具有长航时和垂直起降能力,适用于需要在复杂地形、海洋或非平整表面上长时间执行任务的场景;缺点是使用成本很高。

其他类型的无人机还包括推力矢量家族无人机、后掠翼无人机、柿子型无人机等。

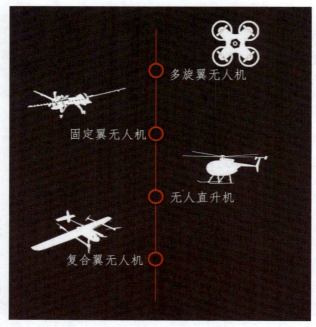

常见无人机示意图

**常见无人机性能**

| | 多旋翼无人机 | 无人直升机 | 固定翼无人机 | 复合翼无人机 |
|---|---|---|---|---|
| 操作难易度 | ★★★★★ | ★☆☆☆ | ★★★☆☆ | ★★★☆☆ |
| 飞行环境要求 | ★★★★★ | ★★★☆☆ | ★☆☆☆☆ | ★★★☆☆ |
| 飞行效率 | ★☆☆☆★ | ★★★★★ | ★★★★★ | ★★★★★ |
| 飞行半径 | ★★★☆★ | ★★★☆☆ | ★★★★★ | ★★★★★ |
| 设备便携性 | ★★★★★ | ★★☆☆☆ | ★★☆☆☆ | ★☆☆☆★ |

## 1.2 航拍的概念与起源

航拍，又称空中摄影或航空摄影，是指从空中进行拍摄。航拍的摄像机可以由摄影师控制，也可以由软件自动控制。航空模型、飞机、直升机、热气球、小型飞船、火箭、风筝、降落伞等都可以成为航拍平台。

无人机航拍以无人机为航拍平台，航拍平台搭载高分辨率 CCD 数码相机、轻型光学相机、红外扫描仪等用于获取图像信息，通过计算机对图像信息进行处理，按照一定精度规则制作出符合要求的图像。

无人机航拍影像具有高清晰度、大比例尺、小面积、高现势性的优点。

无人机航拍特别适合用于获取带状地区（公路、铁路、河流、海岸线等）的航拍影像。

公路　　　　　　　铁路　　　　　　　河流　　　　　海岸线

航拍源于人类了解和掌握空间信息的需求，可以追溯到 19 世纪初。最早的航拍方式是在热气球上架设相机进行拍摄，但由于无法精确控制拍摄高度和角度，拍摄画面往往不够稳定和清晰。

世界上最早的航拍照片是法国摄影师纳达尔于 1858 年 12 月从热气球上拍摄的巴黎市鸟瞰照片。

纳达尔

1909 年，美国人威尔伯·莱特第一次从飞机上对地面进行拍摄。他当时不仅拍了照片，还拍了意大利西恩多西利地区的动态画面。

莱特兄弟

# 1.3 无人机航拍的用途

## 1.3.1 影视拍摄

无人机航拍在影视拍摄方面的应用包括电影航拍、广告航拍、电视和综艺节目航拍、纪录片和宣传片航拍等。

无人机的兴起使航拍成本大大降低。使用成本的降低及创作自由度的提高，加上无人机航拍为影视创作带来的独特视觉效果，都带动了无人机航拍的应用和普及，使之成为影视拍摄的标配。

影视现场拍摄

### 1.3.2 城市宣传片拍摄

　　每一座城市的建筑物都有属于当地的独特设计风格，都具有一定的目的性与艺术性。用无人机航拍一座城市，可以从非日常视角展示城市规划的艺术魅力。

城市夜景拍摄

### 1.3.3 活动直播

　　无人机航拍由于具有不受地面交通限制、视角广、响应快的特点，特别适用于大型活动的直播，能从多角度弥补传统拍摄的不足，使观众看清活动现场的每一个部分。

赛事直播拍摄

测绘画面

### 1.3.4　地形测绘

无人机航拍可用于地形测绘，这是遥感领域的新型技术，其能很好地适应复杂的野外环境，使用成本较传统测绘方式大大减少。

### 1.3.5　工程监测

大型工地的施工现场点多线长，安全管理一直是令管理者最头痛的问题。对于复杂的施工现场，安全管理盲区较多，监测需要花费不少人力和财力。相比传统的人工巡查，无人机可以实现多角度、全方位、大范围的快速巡航，将现场实时图像传至管理者的移动设备端，为安全管理保驾护航。

施工现场监测画面

### 1.3.6　灾区搜救

搜救工作分秒必争，提升搜救速度就能够拯救更多生命。无人机通过搭载热成像相机，突破环境的限制，即使在黑夜、浓烟或树林中也可以轻松辨识搜索目标，显著提高搜救效率。

热成像监控画面

### 1.3.7　警用执法

无人机在警用执法领域的应用多种多样。无人机可以不受道路状况的影响，实现全地形覆盖，多视角、整体直观地展示执法现场情况，对现场进行实时监控，为指挥人员及时提供信息，使之做出有效的现场决策。

实时追踪与监控画面

## 1.4　航拍无人机的品牌

大疆是目前市面上主流的无人机品牌，除了大疆以外，其他品牌占据全球约20%的无人机市场份额。

### 1.4.1　大疆

大疆是中国的无人机品牌，也是最早专注于航拍类无人机研发与生产的品牌之一。该品牌拥有多个系列的航拍无人机，涵盖入门级到专业级。

大疆首款面市的一体化小型多旋翼无人机是 Phantom（精灵），它在无人机航拍领域具有划时代的意义。具备垂直起降、自主飞控、低电量报警、自动返航等功能，这些功能在当时都是非常先进的，美中不足的是 Phantom 无人机没有与云台和相机进行结合，所以需要搭配运动相机来进行航拍。由于缺少云台增稳，Phantom 搭配运动相机拍摄的画面容易出现水波纹，因此画质不够理想。此后大疆相继推出了 Phantom2、Phantom3、Phantom4。Phantom3 就开始有和机身结合在一起的云台和相机，画质得到了明显的改善和提升。

为了迎合消费者对无人机便携性的需求，大疆又研发制造了可折叠无人机系列——DJI Mavic（御）系列。该系列从最早的 DJI Mavic Pro 开始，到后来的 DJI Mavic 2、DJI Mavic 3 等，涵盖了不同机身尺寸、镜头像素、续航时长和拍摄功能。

Phantom

Mavic 2

为了满足影视级别的拍摄需求，能搭载更高画质摄像头的 Inspire（悟）系

Inspire 2

列无人机问世。Inspire 系列无人机多由专业影视团队使用，可自由更换禅思 X5、禅思 X7 等不同功能的镜头，酷炫的外表和可升降的机臂也让消费者对该系列无人机充满了好感。

如果你是将无人机用来航拍，并且注重轻量化，那么你可以选择超轻的 DJI Mini 系列，它的起飞重量不到 300 克。如果你是进阶玩家，同时也想兼顾重量，可以选择 DJI Air 系列，它是集飞行与拍摄于一身的高性价比机型，机身小巧，便携性强。如果 DJI Air 系列仍不能满足你的需求，那么 DJI Mavic 系列可能会更适合你，它可是许多航拍爱好者梦寐以求的无人机，有着紧凑的机身和强悍的性能，配备行业领先的哈苏相机，可拍摄细节充沛、色彩明艳的画面，不过它会更重一些。Inspire 系列集多种先进技术于一身，拍摄画质极佳，能充分满足行业和专业影视用户对于拍摄的高要求，更加适用于影视航拍。

超轻

DJI Mini 3 Pro

进阶

DJI Air 2S

旗舰

DJI Mavic 3 Classic

双摄旗舰

DJI Mavic 3

## 1.4.2　道通智能

道通智能也是中国的无人机品牌。2015 年，道通智能在无人机研发中开始了第一次探索，正式在美国发布第一代无人机产品 X-STAR，这是一款即飞式的航拍一体机。X-STAR 采用三轴稳定云台设计，安装有 1200 万像素和 4K 超高清航拍的摄像头。X-STAR 的遥控器带有液晶显示屏和一键动作按钮，X-STAR 可通过 GPS/GLONASS 进行定位，拥有约 2 千米的最大远程控制距离，还可通过适用于 iOS 和 Android 系统的免费应用程序实现自主飞行和高清实时视图。

X-STAR

在推出第一款无人机产品后，道通智能又专注于研发新款无人机的造型和功能。2018 年，道通智能新一代可折叠智能航拍无人机 EVO 在海外上市。2020 年，道通智能发布 EVO II 系列，将折叠式无人机的画质推向新高度，在消费级市场获得了极高的美誉度。

不过，该品牌的无人机主要应用于安防、巡检、应急、测绘这四大领域，不太推荐航拍爱好者购买该品牌的无人机。

EVO II Pro V3

### 1.4.3　美嘉欣

美嘉欣是一个专注于研发、生产和销售无人机的中国品牌，早年是靠生产、售卖玩具和航模而出名的。不过因为其生产的航模不具备自主增稳、自动返航、超视距飞行、防抖云台等核心功能，所以当时市面上可以见到的美嘉欣航模还不能称为无人机。后来根据市场发展需要，美嘉欣打造了一支对无人机产品和国际无人机市场有着深入了解的专业团队，逐步研发生产出了适应当代需求的航拍无人机，其中最有代表性的就是 BUGS 系列。

MG-1　　　BUGS 12 EIS　　　BUGS 16 PRO　　　BUGS 19　　　BUGS 20 EIS

BUGS 系列

BUGS 系列无人机是名副其实的千元机，购买 BUGS 19 和 BUGS 20 EIS 的用户最多。这个品牌的无人机更适合初级航拍爱好者和航模爱好者购买。

### 1.4.4　Parrot

了解完前面几个国内的无人机品牌后，我们再来了解一下国外比较有名气的无人机品牌。Parrot 可以说是无人机爱好者较为熟知的国外品牌。它于 1994 年成立于法国巴黎，于 2010 年前后开始无人机的研发与生产。Parrot 最早推出的四轴飞行器 AR.Drone 2.0 是一款设计简洁的多旋翼无人机，可以通过 Wi-Fi 连接 iPad 和 iPhone 进行遥控，并配备多个感应器和摄像头，支持多点触控及重力感应。

AR.Drone 2.0

在 2014 年，Parrot 的另一款产品 Bebop Drone 成为该品牌的明星产品，该款产品具有专业级无人机的配置，将 1400 万像素、180 度广角高清摄像头与第一视角操控（FPV）融合，以超轻质玻璃纤维、强化 ABS 工程塑料为制作材料，并加入了紧急情况下的无人机降落模式。凭借出色的性能和好看的外观，Parrot Bebop Drone 一举成为当时航拍无人机产品中的翘楚。

Bebop Drone

近些年 Parrot 围绕设备性能进行了开拓与创新，推出了主打警用的航拍无人机 Anafi 和利用仿生学原理设计的外观造型有趣的 Anafi Ai。

Anafi 主打多功能镜头，采用可见光和红外热成像结合的镜头，可拍摄不同种类的影像资料。Anafi 在高清镜头的基础上加配功能镜头，能够满足不同场景的使用需求。Anafi 的使用合作单位包括美国联邦调查局、美国国家海洋和大气管理局、美国商务部、美国国务院、美国农业部和马萨诸塞大学等。

Anafi

Anafi Ai 将航拍无人机与仿生学进行了良好的结合，其搭载的镜头可完成 4800 万像素、4K 超高清、60 帧 / 秒的画面拍摄。Anafi Ai 算得上是航拍设备里的中高端产品。

Anafi Ai 的仿生外观设计

尽管 Parrot 如此有名，但其国内用户不多。原因不外乎购买渠道太少、维修麻烦、不适合普通航拍爱好者等。

## 1.5 选购无人机的参考因素

选购无人机的时候，你会综合考虑哪些因素呢？无人机的功能、性价比、实用性和便携性等都是用户关注的内容。不同品牌、不同系列的无人机都有着各自的特性，有的主打拍摄性能，有的主打飞行速度，有的主打续航时长……对于要购买无人机的用户而言，了解自身的使用需求是十分必要的。本节将会逐一列举选购无人机的参考因素，以帮助大家选择最适合自己的无人机。

对于摄影爱好者来说，大疆无人机仍是首选，因此这里将以大疆无人机为例进行介绍。

### 1.5.1 价格

价格是一部分用户选购无人机时最先考虑的因素，因为这部分用户预算有限，因此在预算内选择一台自己喜欢的无人机最为合理。

市面上的航拍无人机可以分为以下几个级别，不同级别的无人机有着不同的价格。

### 1. 入门级

入门级无人机的价格通常为 1000~5000 元。入门级无人机一般尺寸较小，例如重量不超过 250 克的迷你型无人机。购买入门级无人机主要考虑其稳定性，用有限的预算满足最主要的需求。额外补充一点，那些价格在 1000 元以内的无人机多是商家用于宣传推广的噱头，其实根本不具备航拍功能，如果你是买来作为送给小朋友的玩具，则可以考虑购买。

### 2. 进阶级

进阶级无人机的价格通常为 5001~15000 元。相较于入门级无人机，进阶级无人机通常尺寸更大、功能更完善、操作性更强。进阶级无人机的用户一般都对无人机有一定的了解，会根据自己的需求进行选购，比如他们会专门选择一台能够拍摄 4K 视频的无人机或续航时间大于 40 分钟的无人机。就目前来看，DJI Mavic 3 是万元级无人机里性能最为优越的一款。大家挑选进阶级无人机时，可在满足基础功能需求的前提下根据预算选配带屏遥控器、备用电池、UV 镜、充电管家等。

### 3. 专业级

专业级无人机的用户通常是对画质有高要求的专业影视团队、公司等，专业级无人机的价格一般为几万元到几十万元。这类无人机多数以飞行平台的形式出现，搭载专业影视设备来进行摄影和摄像。

## 1.5.2　续航时间

续航时间是无人机性能的一个重要表现部分。在航拍的过程中，更长的续航时间意味着拍摄者可以选择更多的拍摄角度和拍摄方式。目前航拍无人机的续航时间一般为 15~45 分钟，建议大家在选购无人机的时候尽量选择续航时间在 30 分钟以上的机型。如果续航时间过短，在拍摄距离起降点较远或较高的画面时，无人机可能因电量不足而难以坚持到拍摄结束，这样拍摄者只能使无人机返航并更换电池后再重新让其起飞拍摄，拍摄效率和效果都会大打折扣。

### 1.5.3　图数传距离

图数传距离包含两个概念：图传距离和数传距离。两者都是指信号传输距离，前者是传输图像的距离，后者是传输遥控信号的距离，图传信号和数传信号将遥控器和无人机进行连接。如果图传信号中断，在遥控器端就会看不到无人机拍摄的实时画面；如果数传信号中断，无人机则会进入失控状态。

在选购无人机的时候，尽量选择图数传距离超过 5 千米的机型，因为图数传距离过短会非常影响飞行体验和拍摄效果。因为无人机的图数传距离都是在空旷环境中计算的，所以如果无人机在有障碍物遮挡或电磁信号复杂的区域内飞行，实际的图数传距离会大打折扣。

### 1.5.4　照片质量

照片质量主要是由图像传感器来决定的。图像传感器的面积越大，相机的进光量就越多，拍摄出来的照片质量就越好。

大家在选购航拍无人机的时候，应在预算范围内优先对比图像传感器的尺寸，尽量选择"底面积"最大的。无人机的图像传感器一般有 1/2 寸的、4/3 寸的、1 寸的等。尺寸数值越大，图像传感器的面积越大，相面的成像质量越好。除此之外，像素也会或多或少地影响照片的质量，可以作为次要考虑因素。

### 1.5.5　视频质量

视频质量主要与分辨率、帧率、码率这 3 个参数有关。

分辨率主要决定视频的画幅。分辨率越高，画幅越大；分辨率越低，画幅越小。例如我们常说的 4K 视频，就是指 3840 像素 ×2160 像素的分辨率。

帧率是每秒显示的帧数。人眼由于特殊的生理结构，所见画面的帧率如果高于 60 帧 / 秒，就会认为画面是连贯的，此现象称为视觉停留。无人机所拍画面的帧率一般为 30 帧 / 秒或 60 帧 / 秒，帧率越大，画面越流畅。

码率也叫采样率（比特率），主要是指每秒传输的数据量，单位是 bit/s。码率越高，画面越精细，画质损失越小，所得到的画面越接近原始画面，但文件占用的储存空间也越大。

大家在选购无人机的时候，可以将分辨率、帧率、码率作为次要考虑因素，根据自己的拍摄需求进行具体选择。

### 1.5.6　携带方式

目前无人机都在向着便携式的方向发展。最初的无人机是不可折叠和拆卸机臂的，携带时不太方便。航拍摄影师通常会优先选择占用空间小的折叠式无人机。

另外，无人机的尺寸也会对携带方式产生影响。同样是折叠式无人机，尺寸越大就越重，携带就越不方便。有些航拍摄影师外出拍摄时还会同时携带单反相机、三脚架或其他摄影器材，因此选择一个尺寸合适的无人机很重要，可以减小负重。

综上所述，你可以综合考虑无人机的价格、续航时间、图数传距离、照片质量、视频质量、携带方式，也可以只考虑对你来说更重要的一个或几个因素。鱼与熊掌不可兼得，有时候不用过于纠结，毕竟挑到各方面都完美的无人机很难，适合你的才是最好的。

## 1.6　航拍无人机推荐

对于航拍新手来说，建议先购买入门级无人机试用，熟悉一下操控手感与飞行动作，即便不小心炸机了，损失也不会太大。在初步掌握无人机的操作后，再去更换操作更加复杂的机型。

对于摄影爱好者来说，如果其本身有一定的无人机飞行经验和摄影水平，想要扩展自身的拍摄领域，可以入手进阶级无人机，也就是各大无人机品牌的旗舰机型。这类无人机的拍摄能力更加出众，成像质量更有保障。

影视行业及商业广告行业的专业摄影师，可以选择购买专业级无人机。

### 1.6.1　入门级无人机

#### 1. MG-1

美嘉欣主打的 BUGS 系列无人机为入门级无人机，其价格相对较低，操作也比较简单，缺点是功能相对较少。例如 MG-1，其价格为 1000~1500 元，适合刚接触无人机且预算有限的用户。该款无人机支持一键起降和一键返航，采用 2 轴防抖云台，搭配 EIS 摄像头，可拍摄 3840 像素 ×2160 像素、30 帧 / 秒的视频，配套的 App 具备跟随、环绕、地图指点飞行、电子围栏等功能。

MG-1

### 2. DJI Mini 系列

DJI Mini 系列无人机定位精准，尺寸小、重量小。以大疆 Mini 3 Pro 为例，它的起飞重量小于 249 克，它能够在非禁飞区的视距内安全飞行，非常适合刚入门的航拍爱好者使用。对于不熟悉空域和空域申报流程的新手来说，这款产品无疑是最合适的。此外，DJI Mini 3 Pro 还配备前、后、下视三向双目避障系统和大师镜头，最高支持拍摄 4K、60 帧 / 秒和 4K、30 帧 / 秒 HDR 视频，最长可飞行 34 分钟，还能无损竖拍，具有焦点跟随（智能跟随、兴趣点环绕、聚焦）和延时摄影功能。

DJI Mini 3 Pro

## 1.6.2 进阶级无人机

### 1. DJI Air 2S

DJI Air 2S 属于 DJI Air 系列，是一款价格和功能适中的产品，消费群体十分广泛。DJI Air 2S 搭载 1 寸影像传感器，支持拍摄 5.4K 超高清视频，配备大师镜头，可进行 12 千米高清图传、四向环境感知。

DJI Air 2S

DJI Air 2S 很适合预算有限但又对成像质量有一定要求的人，性价比很高。

DJI Air 2S 基础套装

## 2. DJI Mavic 3

　　DJI Mavic 3 作为大疆航拍无人机中主打的旗舰机型，不论从定位还是功能上都可以说是进阶级无人机中最好的。正如它的宣传口号"影像至上"一样，DJI Mavic 3 在 DJI Mavic 2 的基础上进行了全新升级，具备专业级影像性能，可拍出超高清、超高帧率的航拍画面。4/3 CMOS 哈苏相机、46 分钟飞行时间、全向避障、15 千米高清图传、高级智能返航等大大增加了 DJI Mavic 3 的拍摄性能，DJI Mavic 3 支持拍摄 5.1K 视频和 DCI 4K、120 帧 / 秒，10-bit D-Log 可记录多达 10 亿种色彩，不仅能更细腻地呈现天空色彩的渐变层次，还能保留更多明暗细节，为后期制作提供更大的空间。这些参数无一不让这款无人机显得更加出众。

DJI Mavic 3

在飞行性能方面，DJI Mavic 3 也十分出彩，最高可达 6000 米的飞行高度，在无风环境下可以飞行 46 分钟，最大可抗 12 米 / 秒的风力。一般情况下，DJI Mavic 3 也有 8 千米内图传信号不中断的优异表现。在大疆的飞行测试项目中，DJI Mavic 3 成功从珠穆朗玛峰的顶峰升起，并飞行至 9232.86 米的高度，一举打破了航拍无人机的最高飞行记录。

DJI Mavic 3 在珠穆朗玛峰顶峰起飞

DJI Mavic 3 有 4 个套装可供挑选，分别是基础套装、畅飞套装、畅飞套装（DJI RC Pro）和 Cine 大师套装。如果预算充足的话，可以选择购买畅飞套装

（DJI RC Pro）；如果预算有限又想拥有 DJI Mavic 3 的话，基础套装或者畅飞套装也是很好的选择。

DJI Mavic 3 基础套装　　　　　　　　DJI Mavic 3 畅飞套装（DJI RC Pro）

### 3. EVO II Pro V2

　　EVO II Pro V2 作为道通智能主打的航拍无人机，也可以占据进阶级无人机的一席之地。该无人机搭载索尼 2000 万像素超感光图像传感器，支持高达 6K 的视频分辨率，具备更大的动态范围、更强的噪点抑制能力、更高的帧率。相机配备了 F2.8~F11 可调光圈，无论在明亮或昏暗的环境中，都能通过调节光圈获得出色的影像表现。EVO II Pro V2 拥有 9 千米高清图传距离，40 分钟的续航时间，最高8 级风的抗风能力，最快 20 米 / 秒的飞行速度，能全向避障，还能搭配 Live Deck 2 进行现场投屏或者通过第三方 App 进行直播，让你与全世界共享你所邂逅的美景。目前这款无人机的官方售价为 13000 元左右，其对标的产品是 DJI Mavic 3。

EVO Ⅱ Pro V2

### 1.6.3 专业级无人机

**1. Inspire 2**

Inspire 系列无人机一直是大疆主打的高端航拍无人机,其酷炫的外形让人过目不忘,可升降式的机臂结构充满科技感和艺术感。其中,Inspire 2 一直深受影视公司和专业剧组的青睐。

Inspire 2 在每次飞行前需要安装 2 块电池,有效飞行时间约为 25 分钟。Inspire 2 搭配禅思 X7 镜头,最高可录制 6K CinemaDNG / RAW 和 5.2K Apple ProRes 视频。云台可拆卸,这样该款无人机可以通过更换镜头来满足不同的拍摄需求,目前支持禅思 X4S、禅思 X5S 和禅思 X7 镜头。以装配禅思 X7 镜头为例,在镜头底座不变的情况下还可以进行不同焦距镜头的更换,如 16 毫米、24 毫米、35 毫米、50 毫米的镜头。Inspire 2 在动力系统方面也有全面提升,0~80 千米 / 时所需加速时间仅需 5 秒,最大飞行速度可达 94 千米 / 时,最大下降速度可达 9 米 / 秒,在拍摄一些高速运动镜头时,Inspire 2 发挥着重要的作用。FlightAutonomy 系统则为 Inspire 2 提供了关键传感器冗余和视觉避障能力。Spotlight Pro、动态返航点等多种智能拍摄、智能飞行功能极大地拓展了用户的创作空间,加上双频双通道图像传输、FPV 摄像头、新一代多机互联技术等一系列升级配置,Inspire 2 变得异常强大。

Inspire 2 　　　　　　　　　　　　　　与 Inspire 2 适配的禅思镜头

**2. 经纬 M600**

经纬 M600 并不是一款专门应用于影视领域的航拍无人机,而更像是一个大的无人机载荷平台,用途广泛。经纬 M600 是一款六轴无人机,比常见的四轴无人机多了 2 个旋翼轴,这使得它的载重能力更强。经纬 M600 需要同时安装 6 块电池才能起飞,最大载重量为 15.5 千克,许多影视剧和综艺节目中的俯视镜头都会使用经纬 M600 搭载单反相机和增稳云台来进行拍摄,以追求更佳的画质。经纬 M600 在 6 千克负载状态下可飞行 15 分钟，较短的飞行时长限制了此款无人机的部分性能。目前这款无人机处于停产状态。

经纬 M600

# 第2章
## 无人机航拍的安全

无人机航拍的安全包括3个方面的知识点：其一，按规定，无人机操作者要有无人机飞行执照；其二，要注意禁飞区、限高区等，否则可能会导致"炸机"；其三，飞行时，不但要注意无人机的安全，还要注意下方建筑及行人的安全。

## 2.1　无人机飞行执照

如同开汽车需要汽车驾照、开飞机需要飞行执照一样，无人机航拍者也需要"持证上岗"。

目前国内有3种较为知名的无人机飞行执照，分别是无人机云执照、UTC证书和ASFC证书。有了这3种无人机执照中的任意一种，你就可以合法飞行无人机。3种无人机飞行执照的签发单位、监管单位、性质及适用范围如下表所示。

国内三种无人机执照信息

| 无人机飞行执照 | 签发单位 | 监管单位 | 性质 | 适用范围 |
|---|---|---|---|---|
| 无人机云执照 | 中国航空器拥有者及驾驶员协会 | 中国民用航空局 | 执照 | 无人机行业从业者 |
| UTC证书 | 大疆慧飞 | 中国航空运输协会 | 合格证 | 简单航拍 |
| ASFC证书 | 中国航空运动协会 | 国家体育总局 | 级别证书 | 体育赛事及专业技术 |

### 2.1.1　无人机云执照

无人机云执照又称民用无人机驾驶员合格证，目前是国内最为权威的无人机飞行执照，考试难度较高。这个执照由中国民用航空局进行监管，由中国航空器拥有者及驾驶员协会组织考试并派发证件。课程时间一般为20~30天，结业考试的科目有理论、实操、综合问答。通过考试的人会获得执照和民用无人机驾驶员合格证双证。

飞行经历记录本与无人机驾驶证

区分无人机云执照类型的方式有以下 3 种。

方式一：根据飞行的机型不同分为单旋翼执照、多旋翼执照、固定翼执照、垂直起降固定翼执照、飞艇执照等五大类别，每种类型的执照对应可操作的设备类型。例如，多旋翼执照拥有者可操作多旋翼无人机，固定翼执照拥有者可操作固定翼无人机。其中值得一提的是，单旋翼执照拥有者可以操作单旋翼无人机和多旋翼无人机两种机型，因为它们都属于旋翼类。

方式二：根据无人机重量分为 Ⅰ ~ Ⅶ 七大类别。从下表中可以直观地看到不同重量对应的不同等级。目前空机重量小于 250 克的无人机是可以不用考证直接飞行的，如 DJI Mini 系列；而重量再大一些的无人机就需要使用者根据对应的等级考取证件。

**无人机分类等级**

| 分类等级 | 空机重量（包含电池）（单位：kg） | 起飞重量（单位：kg） |
|:---:|:---:|:---:|
| Ⅰ | $0 < W \leqslant 0.25$ | |
| Ⅱ | $0.25 < W \leqslant 4$ | $1.5 < W \leqslant 7$ |
| Ⅲ | $4 < W \leqslant 15$ | $7 < W \leqslant 25$ |
| Ⅳ | $15 < W \leqslant 116$ | $25 < W \leqslant 150$ |
| Ⅴ | 植保类无人机 | |
| Ⅵ | 无人飞艇 | |
| Ⅶ | 超视距运行的 Ⅰ、Ⅱ 类无人机 | |

方式三：根据飞行等级分为视距内驾驶员执照、超视距驾驶员执照和教员执照等3个类型。视距内驾驶员执照和超视距驾驶员执照的区别在于一个允许拥有者在视距内飞行无人机，另一个允许超视距飞行无人机。具体的规定是，高度在120米以内、直线距离在500米以内的范围称为视距内，超出这个范围就是超视距。

大家在执行飞行任务前遇到需要提前报备和申请的空域时，可以用无人机云执照进行空域申请和审批。目前个人申请渠道较少，这里推荐一个网站：中国民航局无人驾驶航空器空管信息服务系统（测试版）。具体申请方法如下。

第一步：登录网站。

如果你是第一次使用该网站，需要先注册一个账户，然后在登录界面输入账号、密码并选择需要申报的区域，单击"登录"按钮。

中国民航局无人驾驶航空器空管信息服务系统（测试版）

第二步：查看适飞空域。

登录后可以看到空域查询界面，在这里可以查看适飞空域。

第三步：飞行申请。

选择"飞行申请"，可以看到在飞行申请界面可以进行空域申请、飞行计划申请和放飞申请的操作。

飞行申请界面

选择要申请的项目，根据提示信息完善内容并提交申报，然后耐心等待答复即可。

空域申请界面

飞行计划申请界面

放飞申请界面

## 2.1.2 UTC 证书

UTC 证书是由大疆慧飞签发，中国航空运输协会进行监管的无人机飞行执照。此证书的主要作用是帮助考生初步了解无人机的操作知识，学会无人机的使用技能及安全规范，适合无人机新手考取。UTC 课程分为应用通识、航拍专业、巡检专业、测绘专业等不同专业类型。对于摄影爱好者来说，其主要飞行目的是航拍，因此选择考取航拍专业证书即可。

UTC 证书同样具有法律效力，可以作为合法的飞行证件使用。其课程时间为4~6 天，考试设理论和实操两门考试科目，通过后考生即可获得证书。其考试难度相较于无人机云执照来说要小很多，但含金量也会相对小一些。因为 UTC 课程是大疆慧飞主持开设的课程，里面包含的许多航拍技巧和知识都是围绕大疆无人机展开的，所以如果你恰好有一台大疆无人机，并且想先了解一些基础知识，简单地学习一下技能，这个证书还是很适合你的。

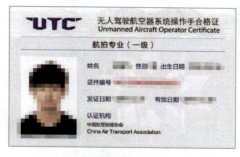

UTC 航拍专业证书

### 2.1.3　ASFC 证书

ASFC 证书是由中国航空运动协会牵头、国家体育总局监管的，适合体育类、竞技类无人机操作的证书，其中包含 ASFC 会员证和遥控航空模型飞行员执照这两本证件。

ASFC 证书的使用范围相较于前面两种来说就小得多了，主要针对的是体育赛事航拍，例如参加国际航空联合会举办的赛事就需要有 ASFC 会员证。

ASFC 会员证和遥控航空模型飞行员执照

ASFC 证书的考试级别按照航空器类别分为 3 类，分别是 A 类固定翼、C 类直升机、X 类多旋翼；按照难度分为八级、七级、六级、五级、四级、三级、二级、一级、特级，共 9 个等级，其中八级最低，特级最高。因此，ASFC 证书比较适合航模爱好者及与无人机体育赛事相关的人考取。

## 2.2　禁飞区与限高区

为了保障公共空域的安全，有关部门和无人机公司为无人机设置了禁飞区和限高区。

### 2.2.1　禁飞区

禁飞区，简单来说就是指未经允许无人机不得飞入和经过的空域。空域主要分为融合空域和隔离空域。融合空域是指民航客机与无人机都可以飞行的空域，也就是我们进行航拍所能涉及的空域。而隔离空域我们很少接触到，可以不做了解。

禁飞区分为临时管制禁飞区和固定禁飞区。

临时管制禁飞区在多数情况下为相关部门根据飞行任务宣布某处空域在一段时间内禁飞，相关部门还会公布具体的经纬度坐标及高度要求；大型演出、重要会议、灾难营救现场等区域也可能会设置临时禁飞区，以维护公共安全。禁飞通知一般由当地公安部门负责下发。我们在飞行无人机之前需要了解当地的禁飞政策，尤其是在陌生城市，避免因为无人机飞入禁飞区而引发不必要的麻烦。

固定禁飞区是指机场、军事基地、政府机关、工业设施等及其周边区域。为了避免飞行风险，重要政府机关、监狱、核电站等敏感区域会设置限飞区，这些区域边界向外延伸 100 米为永久禁飞区，完全禁止飞行。为了保护航班的起降安全和军事机密，各个城市的民用机场和军用机场更是重点禁飞区，机场跑道中心线两侧各 10 千米、跑道两端各 20 千米范围内禁止除飞机以外的一切飞行器的飞行。

多边形限飞区：

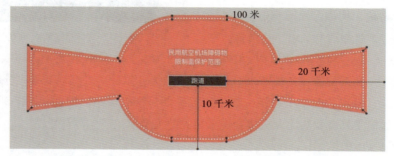

\* 以上为机场限飞区划定原则，具体区域根据各机场的环境不同而有所区别。

圆形限飞区：

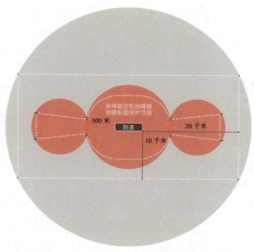

\* 以上为机场限飞区划定原则，具体区域根据各机场的环境不同而有所区别。

机场禁飞区：指由中国民用航空局定义的机场保护范围向外拓展 100 米形成的禁飞区。

机场限飞区：在跑道两端向外延伸 20 千米，跑道两侧各延伸 10 千米，飞行高度限制在 150 米以下。

大疆无人机的操作界面中会对常见的机场禁飞区进行标注。

### 2.2.2　限高

我国大部分地区都是微型、轻型无人机的适飞空域，即无须申请即可合法飞行，并不是一飞就"吃罚单"。那么为什么我们总能在新闻上看到有人因为飞行不当而"吃罚单"呢？其实，大部分原因都是他们在管控区域内飞行或者超高飞行了。无人机到底飞多高才是安全合规呢？

一般来说，微型、轻型无人机在大部分地区的适飞空域内无须申请即可合法飞行，且这类飞行无强制证照资质要求。微型无人机适飞空域高度在 50 米以下，轻型无人机适飞空域高度在 120 米以下。只要不超过限制飞行高度，无人机飞行完全可以合法又畅快。

### 2.2.3　查询禁飞区与限高区

目前在大疆官方网站可以查询机场禁飞区，不过此网站只支持针对大疆无人机的查询。查询方法如下。

第一步：打开网址，选择需要查询的地区。

第二步：选择需要查询的国家或地区。

第三步：选择你的无人机型号。

在选择完前面的这些内容后，我们就会看到禁飞区分布图。红色区域为禁飞区，禁止一切飞行器飞行，灰色区域为 120 米限高区。

单击"查看临时禁飞区信息"，可以查看部分临时禁飞通知，里面详细列出了禁飞的城市和区域、禁飞的起止时间、通知发布部门以及禁飞要求等信息，你可以根据这里提供的信息合理安排飞行计划。

在大疆的禁飞区查询界面，我们还可以看到除禁飞区和限高区外的授权区、警示区、加强警示区以及其他区域的标注。根据这些标注了解和熟悉空域会对你合法飞行无人机提供帮助。

你也可以在 DJI Fly 主界面查询禁飞区。

进入 DJI Fly 主界面，点击左上角的"附近航拍点"按钮，在弹出的界面中点击搜索框，输入你想查询的地点，即可在地图上显示此地点的禁飞区。

点击"附近航拍点"按钮

## 2.3  飞行安全注意事项

### 2.3.1  检查无人机的飞行环境是否安全

操作无人机的环境很重要，什么样的环境需要额外注意，什么样的环境可以自由自在地使用无人机，这些都需要我们掌握。只有对飞行环境有充足的了解，我们才能安全地使用无人机，以免发生安全事故。

（1）无人机不能在人群聚集的环境起飞。无人机起飞时要远离人群，不能在人群上方飞行，因为无人机的桨叶很锋利且旋转速度很快，碰到人会划出很深的口子，这样会造成很大的麻烦。

（2）无人机不能在放风筝的区域飞行。我们不能在放风筝的区域飞行无人机，风筝可以说是无人机的"天敌"。之所以这么说，是因为风筝靠一根很细的长线控制，而无人机在天上飞的时候，这根线在图传屏幕上根本不可见，无人机的避障功能也会因此失效。如果无人机一不小心碰到了这根线，那么无人机的桨叶就会被线缠住，这甚至会直接导致炸机。

远离人群飞行

不能在放风筝的区域飞行无人机

　　（3）在城市中飞行时，要寻找开阔地带。无人机主要依靠 GPS 进行定位，然后依靠各种传感器才得以在空中安全飞行。但在高低错落的城市建筑群中，建筑外部的玻璃幕墙会影响无人机对信号的接收，进而造成无人机乱飞的情况。同时高层建筑楼顶可能会有信号干扰装置，无人机如果与其靠得太近，很可能丢失信号，进而失联。

在城市高空飞行

（4）出现大风、雨雪、雷暴等恶劣天气时不要飞行。如果室外的风速达到5米/秒及以上，对于无人机而言就比较危险，尤其是小型无人机，它们在这种环境中飞行会直接被风吹跑。大型无人机相对而言抗风性能会比较好，但当风速更大时，其也很难维持机身平衡，可能会炸机。无人机在雨雪天气中飞行会被淋湿，同时受到的飞行阻力较大，这可能会对电池等部件造成损伤。无人机在雷电天气中飞行容易引雷到机身上，进而可能发生爆炸，非常危险。

雪后航拍的美景

### 2.3.2　检查无人机的机身是否正常

无人机的外观检查是飞行前的必要工作，主要包括以下内容。

（1）检查外观是否有损伤，硬件是否有松动现象。

（2）检查电池是否扣紧，未正确安装电池会对飞行造成很大的安全隐患。下方左图为电池未正常卡紧的状态，电池凸起，且留有很大缝隙；右图为正确安装电池的效果。

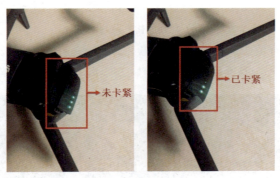

检查电池是否扣紧

（3）确保电机安装牢固，电机内无异物并且能自由旋转。

（4）检查螺旋桨是否正确安装。螺旋桨正确安装方法如下：将带标记的螺旋桨安装至带有标记的电机桨座上；将桨帽嵌入电机桨座并按压到底，沿锁紧方向旋转螺旋桨到底，松手后螺旋桨将弹起锁紧。使用同样的方法安装不带标记的螺旋桨至不带标记的电机桨座上，如图所示。

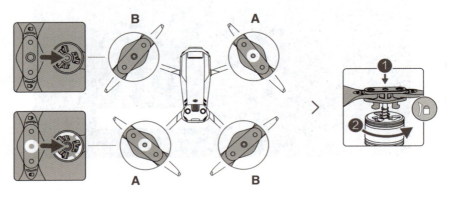

螺旋桨正确安装方法

（5）确保飞行器电源开启后，电子调速器（以下简称电调）发出提示音。

### 2.3.3　进行 IMU 校准和指南针校准

如果是全新的无人机，或者受到大的震动或放置不水平的无人机，建议在起飞前做一次 IMU 校准，防止飞行中出现定位错误等问题。开机自检的时候会显示 IMU 异常，此时需要重新进行 IMU 校准。具体步骤如下：打开无人机的遥控器，连上 DJI Fly，把无人机放置在水平的台面上；进入 DJI Fly，打开"安全"-"传感器状态"，之后选择 IMU 相关选项进行校准即可。如果无人机处于易被电磁干扰的环境中（比如铁栏杆附近），那么进行指南针校准也是很有必要的。进行 IMU 校准与指南针校准的步骤如图所示。

查看 IMU 与指南针状态

点击"开始"按钮进行指南针校准

点击"开始"按钮进行 IMU 校准

### 2.3.4　无人机起飞时的相关操作

无人机在沙地或雪地环境中起飞时，建议使用停机坪起降，这样能降低沙尘或雪水进入无人机造成损坏的风险。在一些崎岖的地形中，也可以借助装载无人机的箱包来起降。

无人机起飞后，操作者应该先使无人机在离地 5 米左右的高度悬停一会儿，然后试一试前、后、左、右等飞行动作是否能正常做出，检查无人机在飞行过程中是否稳定顺畅。如果无人机各功能正常，操作者再使其上升至更高高度进行拍摄。

在飞行过程中，遥控器的天线要与无人机的天线保持平行，而且遥控器与无人机之间要尽可能没有遮挡物，否则可能会影响对频。

站立姿态操作无人机

### 2.3.5　确保无人机的飞行高度安全

无人机在户外飞行时，默认的最大高度是 120 米，最大高度可以通过设置调整到 500 米（当地没有限高的前提下）。对于新手来说，无人机飞行高度小于或等于 120 米时是比较安全的，因为这样无人机会始终处于我们的视线范围内，便于我们监测其动向。当无人机飞行高度大于 120 米时，我们就很难观测到无人机，可能发生炸机等事故。用户可以在 App 的安全设置中改变最大高度。

设置无人机的最大高度

### 2.3.6　深夜飞行注意事项

每当夜幕降临，华灯璀璨的美丽夜景总会让人流连忘返，此时我们可以借用无人机航拍繁华夜色。航拍夜景的地点大多是灯火通明的市区，市区高楼林立，

航拍夜景

飞行环境相当复杂。航拍夜景要想做到安全，就需要我们白天提前勘景、踩点。笔者建议大家提前在各大社交平台查一下航拍夜景飞行地点，找好机位后先在白天踩点，最好找一个宽敞的地方作为起降点。起降点一定要避开树木、电线、高楼、信号塔。因为在夜晚，肉眼难以看到这些障碍物，无人机的避障功能也会失效。要航拍夜景，建议白天观测好飞行路线，如果有障碍物，光线会被切断。

### 2.3.7　飞行中遭遇大风天气的应对方法

无人机在大风天气中飞行时要格外注意，因为大风会使无人机失去平衡，甚至会吹飞小型无人机。笔者建议在大风天气中飞行时点击 App 左下角的按钮，再点击小地图右下角切换为姿态球，如图所示。

地图与姿态球模式可来回切换

姿态球中的双横线代表无人机的俯仰姿态，当无人机处于上仰姿态时，双横线位于箭头下方，反之双横线位于箭头上方。因为地表和高空的环境存在差异（高空中障碍物少，阻力小），通常都是无人机起飞之后，我们才发现风速过大。如果发现无人机遭遇强风，建议立刻降低无人机的高度，然后尽快手动将无人机降落至安全地点。遇到持续性大风时，不建议使用自动返航，最好的应对方案是手动控制无人机飞回。如果风速过大，App 通常会有弹窗警告。

❌ 风速较大，请注意飞行安全，尽快降落至安全地点

如果遭遇突如其来的阵风或来自返航方向的逆风，无人机可能会无法及时返航。此时可通过肉眼观察，或者查看图传画面，快速锁定附近合适的地方先行降落，之后再前往寻找。判断降落地点是否合适有 3 个标准：一是降落地点周围行人不多；二是降落地点不会对无人机造成损坏，平坦的硬质地面最好；三是降落地点易于抵达，且具有比较高的辨识度，便于后期寻找。

最后补充一点，当无人机遭遇大风且无法悬停时，我们可以调整无人机的飞

行模式为运动模式，这样无人机可以以最大动力对抗强风。注意一定要将机头对着风向，使无人机逆风飞行，这样会大大增强无人机的抗风能力，但这种方法仅限于在紧急情况下使用，请勿轻易尝试。

### 2.3.8　飞行中图传信号消失的处理方法

当 App 上的图传信号消失时，应该马上调整天线与自身位置，看能否重拾信号，因为图传信号消失大概率是因为无人机距离过远或者遥控器与无人机之间有遮挡。如果无法重拾图传信号，可以用肉眼寻找无人机的位置。如果可以看到无人机，那么就可以控制无人机返航；如果看不到无人机，那么可以尝试手动拉升无人机飞行高度几秒钟来避开障碍物，使无人机位于开阔区域，这样就可以重新获得图传信号。

如果还是没有图传信号，那么应该检查 App 上方的遥控信号是否存在，然后打开左下角的小地图，尝试转动摇杆，观察无人机朝向的变化。若有变化则说明只是图传信号丢失，用户依旧可以通过小地图操作无人机返航。

如果尝试了多种方法依旧无效，笔者建议按智能返航按键，然后等待无人机自动返航，这是比较安全的处理方法。

### 2.3.9　无人机降落时的相关操作

在无人机降落过程中，有许多值得注意的点。首先要确认降落地点是否安全，地面是否平整，区域是否开阔，等等。无人机的电量也值得我们注意，如果无人机的电量不足以支持其返航，无人机就会原地降落，这时我们需要通过小地图确定无人机的具体位置。无人机在不平整或有遮挡的路面降落可能会损坏。

在光线较弱的条件下，无人机的视觉传感器可能会出现识别误差。在夜间使用自动返航功能时应该事先判断附近是否有障碍物，谨慎操作。等无人机返回至返航点附近时，手动控制无人机降落至安全的地点。

无人机降落至最后几米时，笔者建议将无人机的云台抬起至水平状态，以避免无人机降落时镜头磕碰到地面。等无人机降落到地面后，先关闭无人机，再关闭遥控器，以确保无人机开启时时刻可接收到遥控信号，进而确保安全。

无人机在不平整或有遮挡的路面降落可能会损坏

## 2.3.10　如何找回失联的无人机

以大疆为例，我们如果不知道无人机失联时在哪个位置，那么可以给官方客服打电话，在客服的帮助下寻回无人机。除了寻求客服的帮助外，我们还可以通过 DJI GO 4 与 DJI Fly 自主找回失联的无人机。下面笔者将以 DJI GO 4 为例进行步骤讲解。

①进入 DJI GO 4 主界面，点击右上角的"设置"按钮 。

②在弹出的列表框中，点击"找飞机"选项，后续在打开的地图中可以看到当前的无人机位置；此外，用户也可以在弹出的列表中选择"飞行记录"，与后面将介绍的通过个人中心内的记录的方法相同，也可以查看当前无人机的位置。

点击"设置"按钮　　　　　　　　　　点击"找飞机"或"飞行记录"选项

③ 进入个人中心界面，最下方有一个记录列表。
点击记录列表中第一条飞行记录。

记录列表　　　　　　　　　　点击记录列表中第一条飞行记录

在打开的地图界面中，可以详细查看该条飞行记录。

　　将界面最底端的滑块拖至最右侧，可以查看无人机失联前一刻的坐标值，通过这个坐标值，我们可以确定无人机的大概位置。目前大部分无人机实际坠机位置与该坐标值的误差在 10 米之内，现在你可以动身找回你的无人机了。

详细查看飞行记录

查看无人机失联前一刻的坐标值

# 第 3 章
## 无人机系统、配件与基本操作

操作无人机进行航拍是一项看似简单、实则复杂的事情，其中包含许多细节和要点。

本章围绕无人机飞行前期的注意事项以及实际操作中需要掌握的知识点进行讲解。通过学习本章的内容，相信大家会对航拍无人机的操作流程更加熟悉，在实际操作中也会更加得心应手，从而向着成为一名优秀的航拍摄影师的目标更进一步。

## 3.1　设备开箱与配件清点

我们收到购买的无人机后，一定要开箱检查。首先查看外包装是否完好无损，其次拆开外包装，查看无人机的外观是否完好无损，配件和说明书是否齐全。如果无人机或配件有损伤，我们应该及时联系售后人员解决问题，如果放任不管可能会对以后的飞行埋下安全隐患。

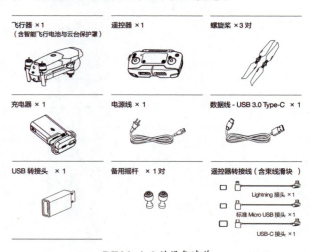

DJI Mavic 2 的设备清单

如果你购买的是大疆无人机，一般来说包装盒内会附带一张设备清单，上面会详细列出无人机的部件和配件，以及它们的数量。左图就是 DJI Mavic 2 Pro 的设备清单。如果缺失了哪些配件开箱后便能一目了然。无人机的手提箱内通常有多个分区，这种设计可以使我们更方便地收纳设备及配件。

  设备清单有很大的用处，建议不要随手丢弃。在外出航拍之前，我们应按照设备清单上标注的顺序对设备进行逐一清点，检查设备是否携带齐全，以免因为缺少某个设备耽误拍摄进度，甚至无法拍摄。在一开始就养成核对设备清单的良好习惯并坚持下去，能帮助我们提升拍摄效率。

  如果你购买的无人机包装盒内没有设备清单，那么你可以根据自己的拍摄偏好自制一份设备清单。设备清单中需要列明的内容包括设备主体、遥控器、桨叶、储存卡、电池、充电器及其他你需要携带的配件和它们的数量。现在你不妨拿出纸笔或者打开计算机，试着列一张设备清单，如下图所示。

| 设备清单 | | |
|---|---|---|
| 设备主体 | 1 | 个 |
| 电池 | 1 | 块 |
| 遥控器 | 1 | 个 |
| 桨叶 | 3 | 对 |
| 充电器 | 1 | 个 |
| 云台保护罩 | 1 | 个 |
| 喊话器 | 1 | 个 |
| 探照灯 | 1 | 个 |
| 夜航灯 | 1 | 个 |
| 手提箱 | 1 | 个 |

自制的设备清单

  如果你觉得设备清单列起来很麻烦，不符合自己的习惯，那么你可以采用图片清单：将常用的设备及配件全部平放在桌子上，俯拍一张照片，将照片打印出来放在背包或手提箱内，在每次出门前根据照片内容进行逐一对照。采用这个方法会比使用设备清单更简单直接。

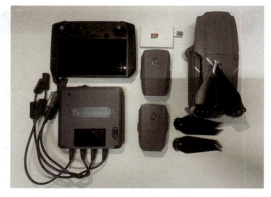

图片清单

## 3.2　阅读说明书

阅读说明书是了解一款产品最直接、最有效的途径之一。无人机的说明书详细介绍了其产品的性能、配件、功能及操作方法。因此，购买无人机后最好将产品说明书阅读一遍并保存好，以备不时之需。如果不小心将纸质版说明书弄丢了，也可以在无人机品牌的官网上下载电子版说明书。

下面以 DJI Mavic 3 为例，演示在官网上下载电子版说明书的方法。

第一步：打开大疆官网，单击网页顶端的"航拍无人机"栏，选择"DJI Mavic 3"选项。如果你的无人机是其他型号，则在这里单击对应的产品选项。

打开大疆官网，单击"航拍无人机"，选择产品型号

第二步：单击网页右上角的"下载"，进入下载界面。

单击"下载"

第三步：在文档中找到"DJI Mavic 3- 用户手册"，单击其后的下载按钮进行下载，下载完成后会得到一个 pdf 格式的文档，这就是 DJI Mavic 3 的电子版说明书。

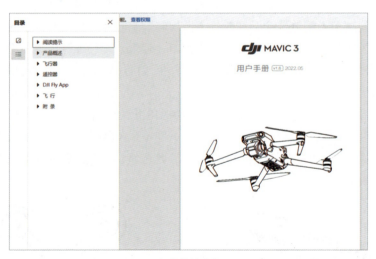

下载电子版说明书

第四步：查看电子版说明书。下载完成后，打开 pdf 格式的电子版说明书，其中包含阅读提示、产品概述、飞行器、遥控器、DJI Fly App、飞行和附录等内容板块，你可以根据自己想要了解的重点进行针对性的查看。

电子版说明书

# 3.3　无人机的部件组成

下面这张图是一个常见的多旋翼无人机的部件图。

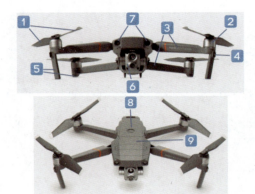

①螺旋桨②电机③机臂（电调）
④航向灯⑤脚架⑥云台镜头
⑦避障模块⑧电池⑨机身

多旋翼无人机部件图

下面对每个部件进行详细的讲解。

### 1. 螺旋桨

四旋翼无人机设备共有 4 副螺旋桨，其中 2 副为正桨，上面标注有 CCW 字样，俯视视角下螺旋桨会沿逆时针方向旋转；另外 2 副为反桨，上面标注有 CW 字样，俯视视角下螺旋桨会沿顺时针方向旋转。桨叶外形采用两两相对的设计，可以通过外观进行区分。桨叶的材质有塑料、轻木、碳纤维等，其中最常见的是塑料。在使用无人机之前需要多加观察，如果桨叶出现破损需及时更换，否则会有炸机隐患。

螺旋桨都安装在电机卡扣上，在俯视视角下，我们从右上角开始按逆时针方向来安装螺旋桨，首先在右上角安装第一副正桨，然后在左上角安装第一副反桨，按此顺序依次安装，确保正桨和反桨彼此相邻，六旋翼和八旋翼无人机也遵循这种螺旋桨安装方法。

多旋翼无人机的正反桨叶

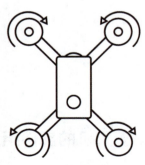

桨叶旋转示意图

### 2.电机

电机是驱动螺旋桨旋转的重要
动力装置。电机和螺旋桨一样，需要
以正确的方向转动，这样无人机才
可以正常飞行。目前成品无人机都
已经预设好电机的旋转方向，无须
人工调试。而现在的无人机都使用

无刷外转子电机

无刷外转子电机，其结构简单，坚实耐用，但金属线圈部分多裸露在空气中，
所以大部分电机的防雨防尘性能很差或者基本没有。在操作无人机的时候，
为了避免电机出现故障，要尽量避免在使其下雨天和有浮尘、碎石的环境中
飞行。

### 3.机臂（电调）

机臂是无人机搭载电机的部件，多旋翼无人机的机臂又称旋翼轴，有几个旋
翼轴就代表是几旋翼无人机。在使用无人机的过程中需要注意，如果是折叠式
无人机，需要确认机臂连接处到达正确的限位；如果是卡扣式机臂设备，则需
要确认卡扣紧固，避免出现机臂位置不准确或卡扣松动造成无人机掉落的危
险情况。

机臂

航向灯

### 4. 航向灯

航向灯是无人机在空中判别机头机尾方向的重要部件，前机臂上有 2 个前航向灯，后机臂上有 2 个后航向灯。无人机在空中飞行或悬停的时候，前航向灯为红色且常亮，后航向灯为绿色且不断闪烁。

### 5. 脚架

左图中的无人机采用的是简化脚架的设计，这使得无人机重心降低，可以减小无人机的尺寸降低其结构的复杂程度，目前主流的折叠无人机都使用此类脚架。但无人机下方如果需要挂载重物吊舱或大型的云台增稳设备，则需要长度合适的脚架，这种脚架在一些老款无人机中很常见，例如大疆的 Phantom 系列和经纬 M600。

带有长款脚架的无人机

### 6. 云台镜头

云台镜头是由云台和镜头组成的。云台是连接机身和镜头的部件，它的主要作用是让镜头拍摄的画面变得稳定。常见的云台分为两轴稳定云台和三轴稳定云台，前者只在 X 轴和 Y 轴对镜头进行增稳，可以实现水平（左右）和俯仰（上

搭配三轴稳定云台的镜头

下）动作中的稳定；后者则是在 x 轴、y 轴、z 轴上让镜头保持稳定，可以实现水平（左右）、俯仰（上下）、航向（水平平移）动作中的稳定，因此后者的增稳效果更好。目前市面上主流的航拍无人机采用的都是三轴稳定云台，只有一些入门级无人机采用两轴稳定云台。因此，我们在购买无人机的时候，应尽量购买具有三轴稳定云台的无人机。

镜头是航拍无人机的核心部件，它的成像效果直接关系到无人机的定位和价格。无人机镜头的性

能可以通过图像传感器的大小和像素的高低来进行判断，例如 DJI Mavic 3 搭配的镜头就有 4/3 英寸 COMS，有效像素为 2000 万，相较于同像素、搭配 1 英寸的 CMOS 或 1/2 英寸 CMOS 传感器的镜头来说，其可以拍摄出画质更好的照片和视频。

镜头

### 7. 避障模块

随着无人机技术的日渐成熟，无人机在空中的安全性能成为开发工程师最关注的问题之一。避障模块开始出现在近些年推出的无人机中，并不断得到升级，这使得无人机在飞行过程中可以有效避免许多不必要的碰撞危险。现在，无人机中都会加装避障传感器，这样无人机就具备了上、下、左、右、前、后6 个方向的避障能力。在避障传感器检测到障碍物时，无人机会根据预设的避障距离制动悬停，避免撞向障碍物。不过，光滑的玻璃、电线、树枝、风筝线等物体是无人机不能通过避障模块进行规避的，所以避障功能并不是万能的，在飞行无人机时我们还需要通过飞行经验的积累来更好地规避风险。

避障模块

### 8. 电池

电池是给无人机提供动力的部件。目前，无人机的电池基本都具备智能放电的功能。电池在满电或电量大于储存模式电压的状态下，空闲放置时间超过最大储存时间（可设置为 3~10 天），

电池

电池就会自动放电至储存电压。该功能可以延长电池寿命。电池如果一直满电存放，就容易产生故障。所以，在无人机的日常保养中，我们需要定期检查电池的电量，遇到电池充满电后存放了较长时间，电池自己放电至储存电压的情况时，需要先将这块电池的电量消耗掉再进行充电，因为多次直接在电池智能放电后给电池充电会加速电池寿命的衰减和性能的降低。

#### 9. 机身

机身是无人机的主体，是连接搭载各个感知设备、动力系统、飞控系统的中心部件。机身多采用塑料材质以减轻无人机的重量，使无人机获得更长的续航时间。一体化的机身设计可使无人机具有更好的流线外观和气动性，对于无人机的飞行性能也有一定的提升作用。

一体化的机身设计

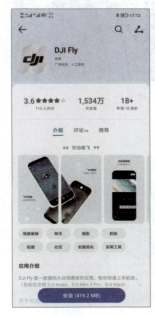

DJI Fly

## 3.4　下载 App、激活无人机与升级固件

无论何种品牌、何种型号的无人机，使用前都需要激活，也都会遇到升级固件的问题。升级固件可以帮助无人机修复漏洞，提升飞行性能。由于国内大多数航拍无人机用户购买的都是大疆产品，因此本节以大疆产品为例进行讲解。下面以 DJI RC-N1 这款遥控器为例，演示下载 DJI Fly、激活无人机与升级固件的步骤。

DJI Fly 是大疆开发的 App，是一款用来操控大疆无人机的飞行软件。

如果你使用的是不带屏幕的普通遥控器，例如 DJI RC-N1，则需要在手机应用商城里搜索并下载 DJI Fly，然后将手机和遥控器连接，让手机屏幕充当遥控器屏幕。如果你使用的是大疆带屏遥控器，例如 DJI

RC 或 DJI RC PRO，则可以直接在遥控器上打开 DJI Fly。

DJI RC-N1　　　　　　　　　　DJI RC　　　　　　　　　　DJI RC PRO

　　下载完成后，在手机上打开 DJI Fly，进入登录界面，输入账号和密码进行登录。

DJI Fly 登录界面

　　登录后的主界面如下图所示。点击界面右下角的"连接引导"按钮，可以查看各型号的遥控器如何连接。

DJI Fly 主界面

对于 DJI RC-N1 来说，首先要给无人机的电池和遥控器充电，然后将充满电的电池装入无人机中。

接下来取出遥控器的摇杆并安装。

取出遥控器的摇杆

安装摇杆

然后短按再长按无人机和遥控器上的电源按键，以开启遥控器和无人机。

开启遥控器

开启无人机

拔出遥控器转接线，将遥控器与手机连接。

拔出遥控器转接线

将遥控器与手机连接

完成以上几步后，即可开始激活无人机和升级固件。

在手机上打开 DJI Fly，根据屏幕上的指示完成激活操作（若是带屏遥控器，可以直接在遥控器上激活）。

点击"激活"按钮

点击"同意"按钮

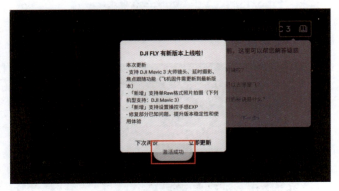

激活成功

　　当屏幕左上角出现固件升级提醒时，点击该提醒右侧的"更新"按钮，系统会开始自动更新。在升级过程中注意不要让设备断电或退出 App，否则可能导致无人机系统崩溃。尽量让遥控器和无人机的电量保持在 3 格以上，手机电量尽量保持在 50% 以上。

点击"更新"按钮

更新过程中点击"详情"按钮，可以查看更新进度。

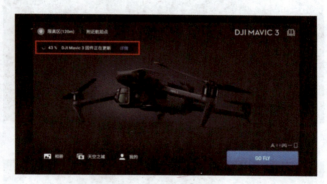

点击"详情"按钮

更新详情界面

固件更新成功后会有提示。

固件更新成功

完成无人机激活和固件升级后，就可以开始使用无人机了。

## 3.5　界面功能

在手机上打开 DJI Fly，主界面如下图所示。

DJI Fly 主界面

主界面左上角显示的是当前的位置信息及"附近航拍点"按钮。

点击"附近航拍点"按钮，界面中会显示你周边的推荐航拍点，这些航拍点都是其他航拍用户上传的。部分航拍点会以图册的方式呈现，用户点击进去可看在此处能拍到怎样的风景。航拍点还会有反映飞行管制等现场情况的标签及评论，用户可以根据这些标签及评论综合评判这个航拍点的情况。你如果也是一个乐于分享的人，可以将自己发现的新机位和飞行心得与他人分享。

主界面右上角是"大疆学堂"按钮。

点击"大疆学堂"按钮，选择你的无人机型号，系统会推荐相应的教程供你学习参考。

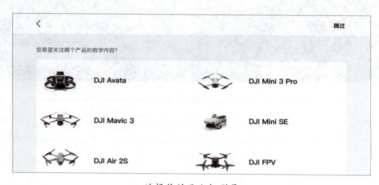

选择你的无人机型号

"大疆学堂"界面

主界面左下角的 3 个按钮分别是"相册""天空之城""我的"。

点击"相册"按钮，可以看到航拍的照片和视频。

点击"天空之城"按钮，可以登录天空之城社区，查看与航拍相关的内容。

"相册"界面

"天空之城"界面

　　点击"我的"按钮，可以登录自己的大疆账号，以记录飞行时长、飞行距离等信息。在"我的"界面当中，可以看到右侧有"论坛""商城""找飞机""服务与支持""设置"选项，点击选项可相应查看论坛信息、进入大疆商城、寻找无人机信号源、咨询线上售后服务中心和设置参数。

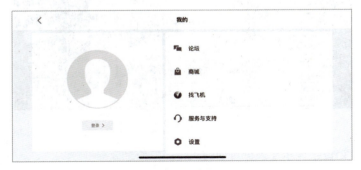

"我的"界面

　　点击主界面右下角的"GO FLY"按钮可进入飞行界面。你购买的无人机和遥控器默认是对过频的（无人机和遥控器信号绑定称为对频），如果你需要更换操作设备，则需要先解除对频，再点击"连接指导"选项，选择 App 适配的无人机款式进行对频。然后你要开启遥控器，通过数据线连接手机和遥控器，并按照屏幕上的指示进行操作。

提示：DJI Fly 可适配 DJI Mavic 3、DJI Avata、DJI Mini 3 Pro、DJI Air 2S、DJI FPV、DJI Mini 2、御 Mavic Air 2、御 Mavic Mini、DJI Mini SE 共计 9 款机型，其余机型需在官网找到对应的 App 进行下载并连接。

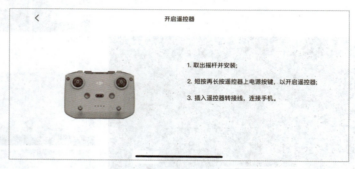

连接指导

连接成功后，打开 App，进入飞行界面。此界面是我们操控无人机最常用的界面。

飞行界面

① 飞行挡位：显示无人机目前的飞行挡位信息。

② 状态显示栏：显示无人机目前的状态及各种警示信息，例如固件需要升级的提示会在此处显示，点击可查看；再或是无人机在飞行过程中遇到大风的情况时，此处会显示风大危险的提示信息，提示用户注意无人机的安全。

③ 从左至右分别显示的是电池剩余电量百分比、剩余可飞行时间（起飞后显示具体时长）、图传信号强度、视觉系统状态、GNSS 状态。

电池剩余电量百分比显示目前无人机电池剩余的电量的百分比数值，用户在飞行无人机的时候需参考无人机与返航点的距离，合理安排电量。

剩余可飞行时间（参考）是根据当前电量估计的剩余可飞行的时间。

图传信号强度以柱状图的形式呈现，在我们操作无人机时，需保持图传信号良好，如果图传信号差或中断的话，遥控器上的影像也会卡顿和中断。

视觉系统状态显示无人机六向避障的情况，如有障碍物临近无人机，会有对应位置的避障模块报警提醒。

GNSS 状态显示的是无人机搜集卫星的颗数，数量越多，无人机的定位越准确，数量越少则代表定位信号差，可能导致我们无法实时获取无人机的位置信息，从而无法确定起飞点和降落点。

④ 系统设置：包含安全菜单、操控菜单、拍摄菜单、图传菜单和关于菜单，后面将详细讲解相关内容。

⑤ 自动起飞 / 降落 / 返航：点击展开操作面板，可以选择让无人机自动起飞、降落或返航。

⑥ 地图：点击后可切换尺寸。

⑦ 飞行状态参数："D -.- m"显示的是无人机与返航点的水平距离，"H ×.× m"显示的是无人机与返航点的垂直距离，左上方的"×.× m/s"显示的是无人机在水平方向上的飞行速度，上方的"×.× m/s"显示的是无人机在垂直方向上的飞行速度。

⑧ 左侧的"1×"表示 1 倍变焦，"MF"表示手动对焦；右侧从上至下分别是拍摄模式按键、拍摄按键、回放按键。拍摄模式中包含录像、拍照、大师镜头、一键短片、延时摄影、全景等功能，后面会进行详细讲解。点击拍摄按键可开始或结束拍摄。点击回放按键可查看已拍摄的视频及照片。

⑨ 相机挡位切换：拍照模式下，支持切换 Auto 和 Pro 挡，不同挡位下可设置不同的参数。

熟悉飞行界面以后，就可以开始进行系统设置了。系统设置几乎包含了所有需要调节的参数和功能。点击"系统设置"按钮，打开系统设置界面，可以看到安全、操控、拍摄、图传和关于五大菜单。

### 3.5.1 "安全"菜单

"安全"菜单中包含"辅助飞行""虚拟护栏""传感器状态""电池""补光灯""前机臂灯""飞行解禁""找飞机"以及"安全高级设置"等功能。

在"辅助飞行"功能里，可设置无人机在遇到障碍物时是绕行、刹停还是不做动作，这里建议选择"刹停"选项。"显示雷达图"功能根据需要打开或关闭即可。如果你是无人机飞行的新手，建议打开该功能。

"辅助飞行"功能界面

"虚拟护栏"又称电子围栏，在其中可以设置无人机的"最大高度""最远距离"和"返航高度"等。"最大高度"和"最远距离"可根据自己的需求进行设置，设置好后无人机将无法突破这个范围飞行，以免在失控的情况下飞向很远的地方。"返航高度"需根据当地的实际情况来设置，例如在城市区域飞行时需将返航高度设置为80~120米，避免无人机在返航过程中撞到障碍物。在飞行前建议查看一遍这些数据，避免之前设置的数据影响本次飞行。

"虚拟护栏"功能界面

"传感器状态"显示指南针和IMU的状态是否正常，如有问题，例如指南针需校准，点击"校准"按钮，根据图像提示进行校准即可，成功后也会有提示。

使用"电池信息"功能可以查看当前电池的具体信息，包括电芯状态、电池电压、电池温度以及电池循环次数等信息。

"传感器状态"功能界面

"电池信息"界面

"补光灯"是安装在无人机机身底部的灯。这里建议选择"自动"选项，这样在环境较暗的情况下补光灯会自动打开，保障降落的安全。

建议将"前机臂灯"功能调至"自动"选项。这样一来，在拍摄时前机臂灯将自动熄灭，保障拍摄效果；返航时前机臂灯将亮起，保证夜间飞行的安全。

使用"飞行解禁"功能可以根据飞行需要提交解禁申请，具体根据现场情况按步骤操作即可。

"找飞机"功能可以帮助我们在地图模式中寻找丢失信号的无人机。使用这个功能的前提条件是无人机的供电正常，如果无人机处于断电或没电的情况，则无法使用此功能。无人机信号丢失后，我们可利用此功能并借助 GPS 寻找无人机。点击"启动闪灯鸣叫"后，无人机会发出闪光和蜂鸣声。如在 GPS 信号较差的区域丢失无人机，我们可能无法找到无人机。

"补光灯""前机臂灯""飞行解禁""找飞机"功能界面

在"安全高级设置"功能里，可以设置"飞机失联行为"和"允许空中紧急停桨"。建议将"飞机失联行为"设置成"返航"模式，这样万一无人机在飞行过程中丢失了信号，还有很大可能会自己飞回起飞的位置。

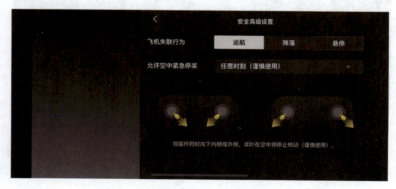

"安全高级设置"界面

### 3.5.2 "操控"菜单

"操控"菜单包括"飞机""云台"和"遥控器"等功能。"飞机"功能中的"单位"默认选择"公制（m）"。"云台模式"可以选择"跟随模式"。

"飞机"功能界面

　　向下滑动操控界面，点击"云台校准"可以选择"自动校准"或"手动校准"。点击"云台高级设置"可以调整"俯仰速度""俯仰平滑度"等，具体根据自己的操作习惯来调整即可。点击"摇杆模式"可以选择"日本手""美国手""中国手""自定义"等模式。

"云台校准"功能界面

"云台校准"界面

"云台高级设置"界面

"摇杆模式"界面

  继续向下滑动操控界面，可以设置"遥控器自定义按键""遥控器校准"和"遥控器高级设置"等功能。其中，"遥控器校准"功能用于对遥控器进行校准，一般不会用到；而在"遥控器高级设置"中可以设置摇杆的曲线值，有一定飞行经验的老手可对其做适当调整。

"遥控器自定义按键""遥控器校准""遥控器高级设置"功能界面

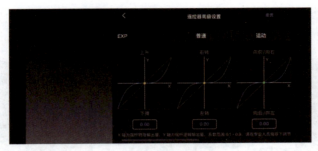

"遥控器高级设置"界面

### 3.5.3　"拍摄"菜单

"拍摄"菜单包括"拍照""通用"等功能，用户在"拍摄"菜单中可对无人机的拍照和录像功能进行相关调整。

如果你是一名较为专业的摄影爱好者，建议将"照片格式"设置为"JPEG+RAW"，RAW 格式的照片宽容度更高，方便后期修图。

"照片尺寸"功能根据需要自行选择"4:3"或者"16:9"即可。

"抗闪烁"功能主要是为了消除城市灯光对画面造成的影响，默认选择为"自动"。

"直方图"功能可选择开启或关闭，建议开启，这样我们在拍摄时可看到画面的亮度信息。

"过曝提示"功能可对画面中存在的过曝情况进行提醒，我们可根据自己的需要选择打开或关闭。

"辅助线"功能里提供了 3 种不同样式的辅助线，使用辅助线对构图有很大帮助。

"白平衡"可以选择"自动"或"手动"，建议选择"自动"。

"拍照"功能界面

"峰值等级"用于在手机对焦模式下对对焦状态进行指示，开启手动对焦后可以将等级设定为"普通"或"高"。

"通用"功能界面

### 3.5.4 "图传"菜单

在"图传"菜单中可以设置"图传频段"和"信道模式"等功能，一般来说这些功能不需要更改设置。"信道模式"默认设置为"自动"，这样遥控器会根据信号最优的方法自动选择信道，下面的直方图也会显示信道的信号强度。

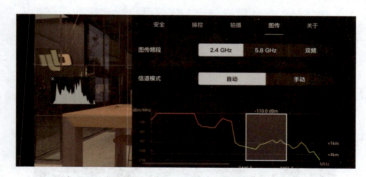

"图传频段""信道模式"功能界面

### 3.5.5 "关于"菜单

在"关于"菜单中可以查看无人机的相关信息。"设备名称"可以更改，你可以编辑一个专属自己的个性名称。"飞机固件"和"遥控器固件"可根据系统的提示进行更新，如果有新的可升级版本，在进入 App 时会有弹窗提醒。其他信息仅可查看，不可更改。

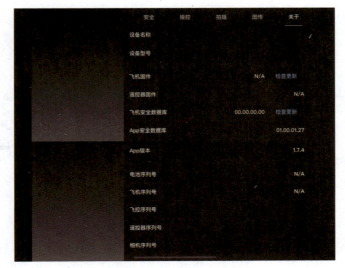

"关于"菜单界面

# 3.6　学会操作遥控器

　　航拍无人机的飞行动作和拍摄功能都是通过操控遥控器实现的。通过遥控器，我们可以操作无人机的起飞、降落、悬停、升高、降低、转向、前进、后退等动作，也可以控制无人机进行拍摄、查看地图、查看无人机信息等。

　　一般来说，无人机遥控器分带屏遥控器和普通遥控器两种。

带屏遥控器

普通遥控器

　　在学习遥控器的操控之前，我们先要了解一下遥控器的外观，以及各个摇杆和按键的功能。

### 3.6.1　带屏遥控器

以 DJI RC PRO 遥控器为例，这款遥控器带有彩色高清显示屏，可适配 DJI
Mavic 3。

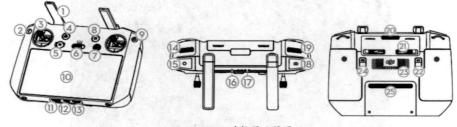

DJI RC PRO 遥控器注释图

① 天线：用于传输飞行器控制信号和图像无线信号，也就是数传信号和图传
信号。图像无线信号可通过 2.4GHz 和 5.8GHz 两个频段传输。

② 返回按键：按后可返回上一级界面，连按两次后可返回主界面。

③ 摇杆：采用可拆卸设计，用于操控无人机的飞行动作。在 DJI Fly 中可设
置摇杆控制方式。

④ 智能返航按键：长按 3 秒以上可以使无人机智能返航，再短按一次可取消
返航指令。

⑤ 急停按键：短按 1 秒可使无人机急停并悬停，在无人机执行航线任务时，
也可按此按键暂停航线任务（GNSS 或视觉系统生效时可执行）。

⑥ 飞行挡位切换：用于遥控器上 C、N、S 这 3 个挡位的切换，3 个字母分
别对应平稳（Cine）、普通（Normal）、运动（Sport）3 个模式。

⑦ 五维按键：主要作为功能快捷按键使用，我们可在 App 内设置相应功
能，操作路径为"相机界面"—"设置"—"操控"。

⑧ 电源按键：这个按键是遥控器的开关键，短按 1 秒后长按 3 秒可开启遥控
器，关机的方式相同，短按可切换屏幕的亮屏和息屏状态。

⑨ 确认按键：对选择的功能进行确认，但进入 DJI Fly 飞行界面后，该按钮
会失效。

⑩ 可触摸显示屏：可触摸操作的显示屏，使用时注意防水，避免水滴溅到屏
幕上。

⑪ 储存卡槽：可插入 Micro SD 储存卡。

⑫ Type-C 接口：遥控器的充电接口。

⑬ Mini HDMI 接口：插上连接线后可输出 HDMI 信号至 HDMI 显示器。

⑭ 云台俯仰控制拨轮：负责控制云台俯仰角度。

⑮ 录像按键：按此按键可开始或停止录像。

⑯ 状态显示灯：显示遥控器的系统状态。

⑰ 电量显示灯：显示遥控器当前的电量。

⑱ 对焦 / 拍照按键：半按可进行自动对焦，全按可拍摄照片。

⑲ 相机控制拨轮：控制相机变焦。

⑳ 出风口：负责给遥控器散热。

㉑ 摇杆收纳槽：负责收纳摇杆。

㉒ 自定义功能按键 C1：可自行编辑快捷功能，默认为云台回中 / 朝下切换功能。

㉓ 扬声器：负责输出声音。

㉔ 自定义功能按键 C2：可自行编辑快捷功能，默认为补光灯功能。

㉕ 入风口：负责给遥控器散热。

## 3.6.2 普通遥控器

DJI RC-N1 遥控器与带屏遥控器的功能相似，最主要的区别就是没有高清显示屏，需要额外连接移动设备充当屏幕。

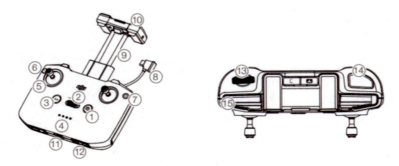

DJI RC-N1 遥控器注释图

① 电源按键：遥控器的开关键，短按 1 秒后长按 3 秒可开启遥控器，关机的方式相同，短按可切换屏幕的亮屏和息屏状态。

② 飞行挡位切换开关：用于遥控器上 C、N、S 这 3 个挡位的切换，3 个字

母分别对应平稳（Cine）、普通（Normal）、运动（Sport）3 个模式。

③ 急停按键：短按 1 秒可使无人机急停并悬停，在无人机执行航线任务时，也可按此按键暂停航线任务（GNSS 或视觉系统生效时可执行）。

④ 电量显示灯：用于显示遥控器当前的电量。

⑤ 摇杆：采用可拆卸设计，负责操控无人机的飞行动作。在 DJI Fly 中可设置摇杆控制方式。

⑥ 自定义按键：可通过 DJI Fly 设置该按键的功能，默认为按一次控制补光灯，按两次使云台回中或朝下。

⑦ 拍照 / 录像切换按键：短按一次切换拍照或录像模式。

⑧ 遥控器转接线：用于连接移动设备与遥控器，以实现图像和数据的传输。转接线接口可根据移动设备接口类型更换。

⑨ 移动设备支架：用于放置移动设备。

⑩ 天线：用于传输飞行器控制信号和图像无线信号。

⑪ Type-C 接口：用于遥控器的充电和调参。

⑫ 摇杆收纳槽：用于放置摇杆。

⑬ 云台俯仰控制拨轮：主要用于调整云台俯仰角度，按住自定义按键并转动云台俯仰控制拨轮可在探索模式下调节变焦。

⑭ 拍摄按键：短按可拍照或录像。

⑮ 移动设备凹槽：用于固定移动设备。

### 3.6.3 摇杆控制方式

遥控器的摇杆很重要，负责控制无人机的起飞和降落，以及无人机在空中的动作。无人机的起飞、降落、前进、后退、向左移动、向右移动和旋转等动作，都是通过控制遥控器的摇杆来实现的。

常用的几种摇杆模式有"美国手""日本手""中国手"和"自定义"，这 4 种模式的区别就在于左右摇杆的功能定义不同。其中，"美国手"是目前使用人数最多的摇杆模式。

以"美国手"为例，上下拨动左摇杆可以控制无人机上升和下降；左右拨动左摇杆可以控制无人机机头左转和右转，也就是航向角的左转和右转；上下拨动右摇杆可以控制无人机前进和后退；左右拨动右摇杆可以控制无人机左移和右移。

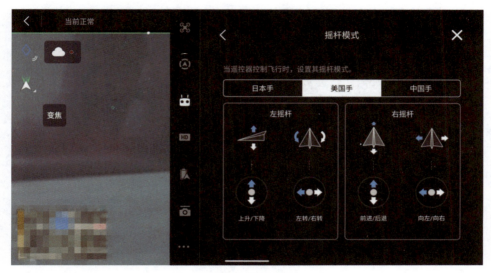

"美国手"的操作方法

"日本手"和"中国手"的操作方法详见下图。

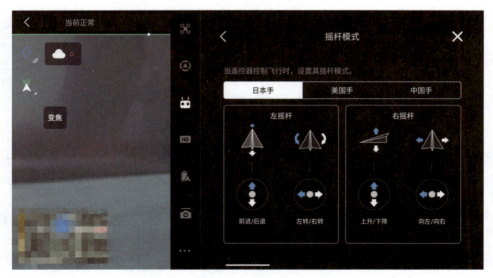

"日本手"的操作方法

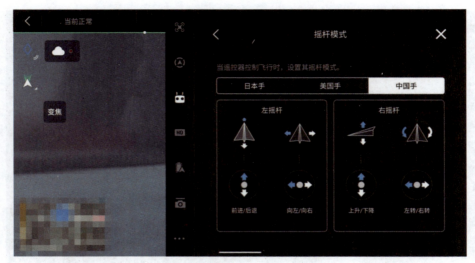

"中国手"的操作方法

　　我们不难看出，在操控无人机的时候，大多数飞行动作都需要通过同时操作左右摇杆来实现。也就是说，你需要同时用左手和右手一起操作才行，只有多多练习才能熟能生巧。所以控制遥杆也是一项技术活，哪怕在操控摇杆的过程中只是用力稍微过度，飞行动作的精确度都会下降。

## 3.7　模拟飞行

　　你知道吗？在计算机上就可以模拟飞行！模拟飞行具有成本低、安全性高、可反复重新开始、不受天气等因素限制等优点，是最适合无人机新手的练习方式。当你还不具备足够的飞行技能时，遇到特殊情况时可能无法在第一时间安全操控无人机，这样便很容易造成炸机事故，还有可能使无人机砸到地面的行人、车辆、房屋等。但是当你在计算机上模拟飞行一段时间之后，你就会形成"肌肉记忆"，再去操控无人机就会得心应手许多。

　　可进行模拟飞行的网站有很多，大疆的飞行时刻就是一个很好的选择。在飞行时刻的首页可以看到"一键试飞"和"进阶教学"两个选项。

飞行时刻

### 3.7.1　初阶飞行

单击"一键试飞"，就可以进入模拟飞行页面。

单击"一键试飞"

　　在进入初阶飞行页面的过程中，屏幕上会出现键盘功能示意图。因为模拟飞行是通过按键盘按键来进行的，所以我们需要先熟悉键盘按键的功能。

几秒钟之后，网页会自动跳转到下一页面，引导你如何让无人机起飞，你只要跟着提示内容操作即可。

启动螺旋桨并起飞

顺利让无人机飞起来之后，页面会继续引导你进行无人机的位置移动。

位置移动教学

　　现在你已经顺利掌握如何简单地移动无人机了，你甚至可以使用组合动作，无人机会根据你的指令向着预定的方向移动。

　　接下来页面会引导你切换视角。页面最初采用的是第三人称视角，但是在实际飞行中我们是无法以这个视角观察无人机的，这个时候你只需要根据提示切换成第一人称视角就可以看到和遥控器屏幕上一样的画面了。

第三人称视角

第一人称视角

　　如果你再次切换视角，就会切换到模拟人眼视角。模拟人眼视角最大限度地还原了在户外飞无人机的感觉，尽管你是在键盘上模拟操控遥控器摇杆，但是页面上的遥控器摇杆位置也会实时呈现相应的变化，这样可以帮助你快速领悟动作要领。

模拟人眼视角

　　到这里，初阶飞行就告一段落了。你在这个页面中不仅可以练习飞行动作，熟悉遥控器的使用方法，还可以进行简单的构图练习，学会如何以最快的速度调整无人机的位置来找到合适的机位。当然，你也可以体验虚拟炸机功能，即虚拟无人机撞到障碍物后，也会像真实世界里的无人机一样掉落摔坏。你在体验了虚拟炸机功能后，就会自觉养成安全飞行的习惯，将来真的在户外飞行无人机的时候就会更加谨慎。

虚拟炸机功能

### 3.7.2　进阶飞行

单击"进阶教学"，可以进入进阶飞行页面，在这里你能够对进阶飞行动作进行针对性的训练。学完本小节的内容以后，你就可以非常熟练且自如地操控无人机了。

单击"进阶教学"

在进阶飞行页面中，你可以看到场景发生了变化，从广阔的城市变到了一个房间内，地面上有一个 H 标志，你的无人机就停在此处。相信很多了解飞机的朋友都知道，H 标志代表的是停机坪，在现实生活中，许多带有停机坪的酒店顶楼及游艇甲板上都会出现 H 标志。最开始的练习和初阶飞行一样，都是先让无人机起飞。

进阶练习页面

接下来根据提示进行一系列的进阶飞行练习。首先是位置移动练习——按照指示让无人机飞到蓝色荧光区域。

位置移动练习

下面是旋转练习，根据提示操作，完成后页面会显示绿色荧光。

旋转练习

　　完成旋转练习之后，紧接着就是让无人机分别向前后左右移动的练习，按照提示完成即可。

向前方移动

向后方移动

向左侧移动

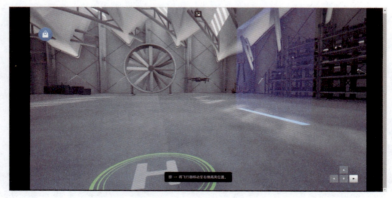

向右侧移动

完成上一步后，页面会提示你将无人机降落回 H 标志处。

降落练习

到这里第一关就结束了。细心的朋友应该会发现，第一关用到的摇杆模式是美国手，训练顺序也是从左手到右手，具体为左手的上下操作、左手的左右操作、右手的上下操作、右手的左右操作。

第二关练习的是一些拍摄的技巧，第一个动作是切换相机画面。

切换相机画面

画面切换完成后，页面会引导你进行拍摄。根据页面提示进行操作，先让无人机旋转一周，然后调整云台的角度，将相机对准飞手，之后再根据引导拍摄一张飞手的照片，并录制一段视频。

让无人机旋转一周

向下旋转相机，找到飞手

向上旋转相机，让相机对准飞手

拍摄一张照片

录制一段视频

　　恭喜你，到这里你已经通过了第二关，掌握了航拍的操作技巧。你可以将改变无人机的飞行动作和调整云台角度这两种操作结合在一起，捕捉美丽的景色，并根据需要按下拍摄按键。

　　下面进入进阶飞行的最后一关——熟悉无人机的 3 种飞行模式，即 P 模式、S 模式和 A 模式。

　　P 模式又称为定位模式，使用 GPS 或视觉系统进行定位。在 P 模式下，无人机会通过 GPS 的定位功能实现悬停和急刹。当你停止控制遥控器的摇杆时，无人机会自动修正位置并保持悬停状态。

　　S 模式又称为运动模式，和 P 模式一样可以使无人机定点悬停和自动刹车，只是无人机的飞行速度会更快，所以在使用 S 模式的时候要注意安全。

P 模式

S 模式

　　A 模式又称为姿态模式，无法准确定位，仅有姿态增稳。也就是说，A 模式下既无法使用 GPS 的定位功能，也无法使用自动悬停的功能，无人机会随着上一个动作指令或风向自由移动，仅保持高度不变。

A 模式

　　熟悉以上 3 种飞行模式后，你就可以开始进行模拟练习了。P 模式和 S 模式的训练都是简单的位置移动练习，A 模式作为最难操控的模式，其训练被设置为"毕业考试"。在 A 模式的训练中，你需要将无人机飞到指定区域，并保持数秒悬停。如果你能够在 A 模式下控制住无人机的话，其他两个模式对你来说就会非常轻松。好了，快来挑战一下自己，完成最后的"毕业考试"吧！

A 模式训练

　　你在顺利完成初阶飞行和进阶飞行后，可以尝试到户外进行无人机的实操练习，尽量寻找一个空旷的地方进行练习，在起飞、飞行和降落的过程中都要注意空中的电线等物体。

# 第 4 章
## 摄影基础与无人机设定

使用无人机航拍时，不同的光线环境下需要设置不同的拍摄参数及拍摄模式。下面以 DJI Fly 为例，演示如何设置以上参数，从而拍出更加专业的照片。

## 4.1　快门

快门是指相机的曝光时间长短。快门速度的单位是秒，快门速度一般可设置为 30 秒、15 秒、1 秒、1/2 秒、1/4 秒、1/8 秒、1/15 秒、1/30 秒、1/100 秒、1/250 秒、1/500 秒、1/1000 秒等。数值越小，快门速度越快，曝光量就越小；数值越大，快门速度越慢，曝光量就越大。

一般来说，拍摄高速移动的物体时，需要将快门速度设置得快一些（小于1/250 秒），这样可以将其拍摄清楚，避免画面中出现重影和细节模糊的情况。拍摄固定的物体时，则可以将快门速度设置得稍慢一些，但也不能过慢，安全快门速度为 1/100 秒，否则无人机在悬停状态下的轻微抖动也可能影响画面的清晰度。

快门速度对画面清晰度的影响

利用高速快门可以捕捉运动主体瞬间的静态画面，例如绽放的烟花、飞行的鸟类、激荡的瀑布、飞驰的车流等。下图是一张利用高速开门拍摄的立交桥照片，快门速度是 1/200 秒，桥上的汽车轮廓清晰，没有拖影。

利用高速快门拍摄的立交桥，汽车轮廓清晰

而利用慢速快门可以拍摄出流光溢彩的拖影效果，也就是俗称的"慢门"效果。此方法特别适用于拍摄立交桥上的车流。在夜晚，将快门速度设置为低于 1 秒，在固定机位进行稳定拍摄，即可拍出有"连续"美感的光轨照片。

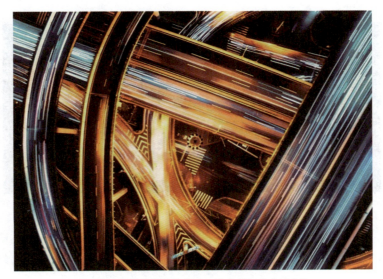

利用慢速快门拍摄的立交桥，汽车尾灯变成了光轨

对比以上两张照片，我们可以清楚地看到设置不同的快门速度对画面的影响。拍摄不同场景时，只有设置了合适的快门速度，才可以将一幅普通的画面拍

得生动好看，展现出应有的美感。

在 DJI Fly 的飞行界面中，我们可以看到右下角有一个"AUTO"图标，这代表目前的拍摄模式是自动模式。

自动模式

点击"AUTO"图标，可以将拍摄模式切换为手动模式，此时界面右下角的"AUTO"图标会变为"PRO"图标。在手动模式下，我们可以修改快门速度、光圈、感光度等参数。

手动模式

向左右两端转动拨轮改变快门，即可调整快门速度。拍摄日落等高反差的场景时，建议使用手动模式，根据想要的画面氛围调整光圈和快门速度，以创造出不同风格的影像作品。

手动模式下，转动拨轮，调整快门速度

## 4.2　光圈

　　光圈是用来控制光线透过镜头进入机身内的量的装置。光圈的大小用 F（或 f/）值来表示，无人机镜头的最大光圈一般有 f/2.8、f/4.0、f/5.6 等。f/ 值越小，光圈就越大；f/ 值越大，光圈就越小。

　　光圈的大小决定了进光量。光圈越大，进光量就越大，拍摄到的画面越明亮，常用于拍摄弱光环境；光圈越小，进光量就越小，拍摄到的画面越暗淡，常用于拍摄光线充足的环境。

　　光圈除了能控制进光量以外，还能控制画面的景深。景深是指在照片中的对焦点前后能够看到清晰的对象的范围。景深以深浅来衡量。光圈越大，景深越浅，清晰的范围越小，常用于拍摄背景虚化的效果；光

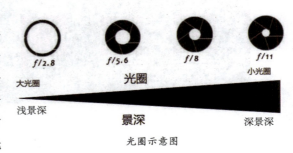

光圈示意图

圈越小，景深越深，清晰的范围越大，常用于拍摄自然风光和城市建筑，能够将远处的细节呈现得更加清晰。

　　在手动模式下调节光圈，同时观察无人机的镜头，可以看到镜头内的机械结构也会随之发生变化。

103

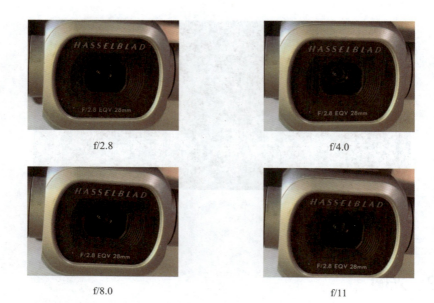

| f/2.8 | f/4.0 |
| f/8.0 | f/11 |

在 DJI Fly 的飞行界面中，在手动模式下，手指点住光圈值左右滑动即可调整光圈的大小。

手动模式下，手指点住光圈值左右滑动，调整光圈大小

## 4.3 感光度

感光度是拍摄中最重要的参数之一，用于衡量感光元件对于光线的敏感度。

感光度越高，对光线的敏感度就越高，越容易获得较高的曝光值，拍摄到的画面就越明亮，但是噪点也越明显，画质越粗糙。反之，感光度越低，画面越暗，噪点越少，画质越细腻。换句话说，在其他条件保持不变的情况下，调节感光度可以改变照片的亮度和画质。因此，感光度也成了间接控制照片的亮度和画质的参数。

无人机的感光度一般为 100~6400。在自动模式下，感光度会根据光线的强弱进行自动调节，以免画面出现过曝或过暗的情况。在手动模式下，感光度要配合快门和光圈来进行手动调节，从而控制画面的明暗程度。

在 DJI Fly 的飞行界面中，在手动模式下，向左右两端滑动 ISO 滑块即可调整感光度的大小。

手动模式下，滑动 ISO 滑块，调整感光度

# 4.4  白平衡

白平衡是描述显示器中红、绿、蓝三基色混合生成的白色的精确度的一项指标，通过它我们可以解决色彩还原和色调处理的一系列问题。

白平衡的英文为 White Balance，其基本作用是在任何光源下，将白色物体还原为白色，也可以说是对在特定光源下拍摄时出现的偏色现象，通过增加对应的补色来进行消除。相机的白平衡设置可用于校准画面色温的偏差，在拍摄时我们可以大胆地调整白平衡，以达到想要的画面效果。

进行白平衡设置是确保获得理想画面色彩的重要一步。所谓的白平衡是通过对白色被摄物的色彩进行还原（产生纯白的色彩效果），进而准确还原其他物体色彩的一种数字图像色彩处理的计算方法。一般无人机相机的白平衡参数为 2000K~10000K。数值越小，色调越冷，拍摄到的画面越趋向于蓝色；数值越高，色调越暖，拍摄到的画面越趋向于黄色。

　　无人机白平衡的设置方法如下。

　　在 DJI Fly 的飞行界面中，点击右上角的"…"按钮，进入系统设置界面。

点击"…"按钮

　　在系统设置界面中选择"拍摄"，可以看到白平衡有"手动"和"自动"两个选项。无人机中的白平衡一般设置为"自动"。如果在航拍中遇到画面发绿、发黄或发蓝的情况，大概率是因为白平衡设置不当。如果想手动设置白平衡，以实现想要的画面效果，则需要选择"手动"，然后向左右两端滑动滑块即可调整白平衡参数。

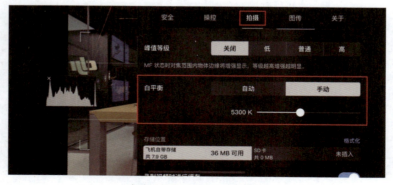

在手动模式下调整白平衡参数

向左滑动白平衡滑块，可以看到白平衡参数在变小，画面也趋于冷色调。

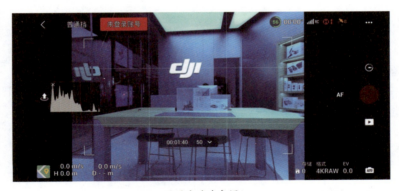

向左滑动白平衡滑块，将白平衡参数调整为 2000K

画面变为冷色调

向右滑动白平衡滑块，可以看到白平衡参数在变大，画面也趋于暖色调。

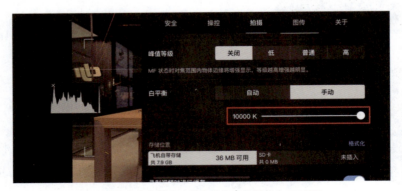

向右滑动白平衡滑块，将白平衡参数调整为 10000K

画面变为暖色调

## 4.5　辅助功能

在航拍时，我们经常会用到 3 种辅助功能，分别是直方图、过曝提示和辅助线，它们能帮助我们更好地调整取景角度和画面曝光，以达到改善画面构图和提升画质的目的。

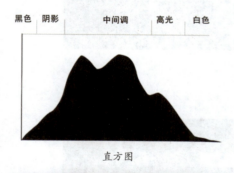

直方图

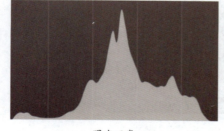

曝光正常

### 4.5.1　直方图

直方图显示了画面中不同亮度的像素的分布情况。横轴代表亮度，纵轴代表像素数量。

直方图左侧代表暗部，右侧代表亮部，中间代表中间调。通过观察直方图你可以快速判断画面的曝光是否正常。一般来说，在中间位置形成一个趋于左右对称的山峰形状时，则表示画面曝光正常。

如果山峰形状出现在右侧区域，则表示画面曝光过度。在这种情况下，你可以尝试使用更快的快门速度、更小的光圈、更低的感光度来减少画面的曝光。

如果山峰形状出现在左侧区域，则表示画面曝光不足，整体较暗，这时你可以尝试使用更慢的快门速度、更大的光圈、更高的感光度来增加画面的曝光。

曝光过度

曝光不足

在系统设置界面中选择"拍摄"，开启直方图功能，拍摄界面左侧就会出现直方图。

开启直方图功能

## 4.5.2　过曝提示

过曝提示是针对画面曝光量超过临界值而进行的提示。当处于过曝的状态时，拍摄出来的画面发白，细节纹理不够清晰，后期的操作空间也比较小。过曝提示能够及时提示我们查看过曝的细节，从而及时调节参数。

在系统设置界面中选择"拍摄"，开启过曝提示功能，即可在画面过曝时收到相应的提示。

开启过曝提示功能

可以看到，画面中出现了斑马线条纹，这就表示该区域在整个画面中处于过曝的状态，直方图中的波形也可以验证这一点。

过曝提示

此时不论是拍照还是录像，我们都可以根据画面的过曝程度调节相应参数，使画面的曝光量处于正常水平。

### 4.5.3　辅助线

DJI Fly 提供了 3 种辅助线来帮助飞手更好地构图取景，它们分别是 X 形辅助线、九宫格辅助线和十字靶心辅助线。

在系统设置界面中选择"拍摄"，可以看到以上 3 个辅助线选项，你可以根据自己的使用习惯进行选择。有拍摄经验的老手也可以不开启辅助线功能。

辅助线功能

X 形辅助线即画面的两条对角线，两条对角线的交点就是画面的中心点。

X 形辅助线

九宫格辅助线是根据"三分法"的原理设立的，即分别用两条横线、竖线将画面横向、纵向三等分。取景时可以把主体放在任意横竖线的交叉点上。

九宫格辅助线

十字靶心辅助线是在画面的中心位置标注了十字线，适合用于拍摄主体位于中心的画面。

十字靶心辅助线

多种辅助线可以同时使用。

同时使用多种辅助线

## 4.6　设置照片和视频的参数

使用无人机拍摄照片或视频之前，设置好照片和视频的参数很重要。不同的照片和视频的参数适用的场景不同。下面介绍用无人机拍摄照片和视频的参数设置方法。

### 4.6.1　设置照片的参数

在 DJI Fly 的系统设置界面中选择"拍摄"，可以看到照片格式可设置为"JPEG""RAW""JPEG+RAW"。JPEG 格式是常见的照片格式，具有占用储存空间小、兼容性强的优点，方便查看和预览，缺点则是画质有压缩，无法实现最大限度的还原。RAW 格式是无损画质格式，优点是画质优秀，后期空间大，缺点是占用储存空间大，兼容性差，不方便预览。同时储存两种格式的照片很好地解决预览和画质存储的需求。我们可根据需要选择对应格式的照片。

照片格式

照片尺寸有 4∶3 和 16∶9 两种选项，我们可根据需要进行选择。

照片尺寸

113

4:3 的照片

16:9 的照片

### 4.6.2 设置视频的参数

航拍视频之前，我们可以对色彩、编码格式、视频格式和视频码率进行设置。

在 DJI Fly 的系统设置界面中选择"拍摄"，可以看到"普通""D-Log""HLG" 3 种色彩选项。它们之间最主要的区别在于宽容度的大小，HLG 模式的宽容度最大，D-Log 模式次之，普通模式的宽容度最小。HLG 模式就是我们俗称的"灰度拍摄"模式，因为在该模式下拍出的视频饱和度和对比度低，宽容度高。虽然该模式是最适合后期调整的色彩模式，但拍摄出来的画面灰蒙蒙的，不建议新手使用，新手很容易拍出废片。在普通模式下拍出来的视频对比度高，色彩还原真实，稍做改动即可直接使用，甚至可以原片直出，因此该模式很适合新手使用。D-Log 模式属于折中模式，在该模式下拍出的视频的暗部细节比在普通模式下拍出的更好，亮部的层次感也更强，色彩比在 HLG 模式下拍出的更加艳丽。

无人机的编码格式有两种，分别是 H.264 和 H.265。H.265 是 H.264 的升级版，涉及的信息更具指向性，这里不做过多解读。在选择编码格式的时候推荐选择 H.265。

视频格式包含"MP4"和"MOV"两个选项。MP4 格式的兼容性更强，适用于多种载体播放，MOV 格式更适合苹果用户使用，你可以根据自身需求进行选择。

视频码率可以选择"CBR"或"VBR"。"VBR"属于动态码率，"CBR"属于静态码率，整体来说 VBR 更适合我们使用。

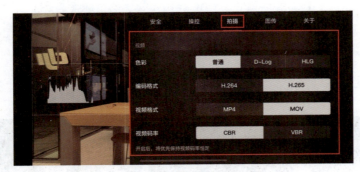

视频参数设置

# 第 5 章
# 无人机摄影与摄像功能

本章将从摄影与摄像两个角度，讲解无人机拍摄功能的设定与拍摄技巧。

## 5.1 拍照模式的选择

随着无人机自动化性能的提升和消费群体需求导向的转变，许多无人机公司在研发航拍无人机的时候会设定一些常规的飞行动作和全新的拍摄模式，以达到原本只能通过复杂的手动操作才能实现的画面效果。使用无人机拍照时，除了常用的单拍模式外，还有探索模式、ABE 连拍模式、连拍模式等。下面详细介绍大疆无人机的几种拍照模式。

在 DJI Fly 的飞行界面中，点击拍摄模式按键▢，选择"拍照"，可以切换5 种不同的拍照模式，包括单拍模式、探索模式、AEB 连拍模式、连拍模式和定时模式。

点击"胶片"图标

选择"拍照"，可以切换不同的拍照模式

### 5.1.1　单拍模式

单拍模式很容易理解，调整好构图及相机的参数之后，点击拍摄按键，相机就会拍摄一张照片。

### 5.1.2　探索模式

探索模式最大可支持镜头 28 倍变焦。以前的无人机大多数配备的都是定焦镜头，即焦距是不可变的，变焦镜头的引入拓宽了航拍爱好者们的航拍思路，使他们创作出了很多更具艺术性的作品。

探索模式

### 5.1.3 AEB连拍模式

AEB连拍模式又称包围曝光模式，适用于拍摄光线复杂的场景，如音乐节、城市灯光秀等。

在AEB连拍模式下，按下拍摄按键后无人机会自动拍摄3张不同曝光量（曝光不足、正常曝光、曝光过度）的照片，这3张照片分别完整保存了被摄物体的亮部、中间调部分及暗部的画面细节，并且系统会从中挑选多个曝光合适的部分进行合成，最终得到一张明暗适中的照片。

AEB连拍模式

### 5.1.4 连拍模式

使用连拍模式可以选择连拍照片的数量，例如1张、3张、5张、7张等。连拍模式适合在风速较大时或者夜间拍摄时使用，能有效提高出片率。

连拍模式

### 5.1.5　定时模式

使用定时模式可以设定无人机的拍摄倒计时，一般可设置为 5 秒、7 秒、10 秒等。

定时模式

## 5.2　录像模式的选择

在 DJI Fly 的飞行界面中，点击拍摄模式按键，选择"录像"，可以切换 3 种不同的录像模式，分别是普通模式、探索模式和慢动作模式。

点击"胶片"图标

录像模式选择界面

## 5.3  大师镜头

开启大师镜头功能后，系统会提醒你框选需要拍摄的目标，一般是某个人物或某个固定物体。选定目标后，系统会提示你"预计拍摄时长 2 分钟"，无人机会根据机内预设自动飞行，执行包括渐远、远景环绕、抬头前飞、近景环绕、中景环绕、冲天、扣拍前飞、扣拍旋转、平拍下降、扣拍下降等 10 个飞行动作，最后自动返航至起点。

大师镜头

使用大师镜头功能进行拍摄时要选择开阔空旷的场地，避免无人机在自动飞行过程中碰到障碍物。

## 5.4  一键短片

一键短片功能和大师镜头功能一样，都是大疆进行算法升级后的产物。开启此功能后，无人机也会根据系统预设的飞行轨迹自动飞行并拍摄素材，然后将素材剪辑成片。该功能十分适合不会剪辑的新手使用。

一键短片功能与大师镜头功能有所重叠。大师镜头功能是按照预设进行所拍摄素材的自动拼接整合。一键短片功能则是把各个飞行动作拆分成了多个小动作，包括渐远、冲天、环绕和螺旋 4 种模式，每个小动作都会有短则几秒长则几十秒的持续时间，而且无人机一次只做一个小动作。你可以根据拍摄场景和需求构思和执行自己想要的飞行动作，从而拍出令自己满意的短片。下面分别介绍这4 种模式的不同之处。

### 5.4.1  渐远模式

渐远模式下，无人机会面朝你选择的目标，一边后退一边上升。

渐远模式

你可以手动框选画面中的目标，目标处会出现一个绿色方框，然后在屏幕下方可以选择飞行距离，无人机会围绕目标执行飞行动作。

手动选择目标，设置飞行距离

设置完成后，点击"Start"按钮即可开始拍摄。飞行前仍需注意飞行路径中是否存在障碍物，避免危险发生。

## 5.4.2　冲天模式

冲天模式下，无人机会俯拍目标并快速上升。

冲天模式

同样，依旧是先框选目标，选定目标后在屏幕下方调整飞行高度。

接下来检查无人机上空有没有障碍物，确认无误后，点击"Start"按钮开始拍摄。

冲天模式

### 5.4.3　环绕模式

　　环绕模式下，无人机会保持当前高度，环绕目标一圈。使用环绕模式时可以自行调节云台俯仰角度，以拍摄出符合需要的画面效果。

环绕模式

### 5.4.4　螺旋模式

　　螺旋模式下，无人机将螺旋上升后退并环绕目标一圈。

　　采用螺旋模式的时候可以设置旋转的最大半径，一定要在确保无人机安全的情况下进行合理的设置。

螺旋模式

设置最大半径

124

# 第 6 章
## 航拍前的规划

在前面的章节当中，我们学习了无人机的操作方法及遥控器的使用方法，已经初步具备了在室外飞行无人机的能力，但这并不意味着我们已经牢牢掌握了所有的飞行知识，因为航拍前的准备工作同样重要。好的航拍前规划会让航拍效率大大提升。

## 6.1 出发前的准备工作

在外出航拍之前，需要先明确本次航拍的目的和要求。例如，拍什么？怎么拍？在什么时间拍？去什么地方拍？拍多久？只有在明确航拍的目的和要求后才能进一步做好周全的准备工作。本节将会对出发前的准备工作进行讲解。

制订飞行计划是出发前的准备工作中的第一项，其目的是对飞行场景做一个系统的梳理。例如，你想要拍摄一些城市日落的素材，那么"城市日落"就是本次拍摄的主题内容，然后你再根据主题内容明确拍摄日期、拍摄时间、拍摄地点、空域情况和所需设备，同时还要查询飞行当天的天气情况，以及考虑到其他可能会影响到拍摄的因素。

下面是一个飞行计划表，你可以参考它来制订自己的飞行计划。

### 飞行计划表

| 拍摄日期 | 主题内容 | 拍摄时间 | 拍摄地点 | 空域情况 | 所需设备 | 天气情况 | 其他 |
|---|---|---|---|---|---|---|---|
| 11 月 10 日 | 城市日落 | 17:20—18:00 | 青岛五四广场 | 是否存在禁飞区和限高区 | 无人机、电池、SD 卡、桨叶、遥控器、手机、充电器、备用电池、备用桨叶、UV 镜等 | 晴天还是多云、是否有雨雪雾、气温、风力、风向等 | 是否有保安拦截飞行 |

在上面的飞行计划表中，我们可以看到拍摄的主题内容是"城市日落"，拍摄日期是 11 月 10 日。我们通常怎么确定拍摄时间呢？我们可以借助相关的 App

来查看拍摄地点的日落时间，或者在相关网站上查询拍摄地点的日落时间。

通过相关的 App 查询日落时间

| 山东省_青岛市日出日落时刻表 | | | | |
| --- | --- | --- | --- | --- |
| 日期 | 日出 | 正午 | 日落 | 天亮 | 天黑 |
| 2022-10-17 星期一 | 06:07 | 11:43 | 17:20 | 05:41 | 17:46 |
| 2022-10-18 星期二 | 06:07 | 11:43 | 17:19 | 05:42 | 17:45 |
| 2022-10-19 星期三 | 06:08 | 11:43 | 17:18 | 05:42 | 17:44 |
| 2022-10-20 星期四 | 06:09 | 11:43 | 17:16 | 05:43 | 17:42 |
| 2022-10-21 星期五 | 06:10 | 11:43 | 17:15 | 05:44 | 17:41 |
| 2022-10-22 星期六 | 06:11 | 11:43 | 17:14 | 05:45 | 17:40 |
| 2022-10-23 星期日 | 06:12 | 11:42 | 17:13 | 05:46 | 17:39 |
| 2022-10-24 星期一 | 06:13 | 11:42 | 17:12 | 05:47 | 17:38 |
| 2022-10-25 星期二 | 06:14 | 11:42 | 17:10 | 05:48 | 17:37 |
| 2022-10-26 星期三 | 06:15 | 11:42 | 17:09 | 05:49 | 17:35 |
| 2022-10-27 星期四 | 06:16 | 11:42 | 17:08 | 05:50 | 17:34 |
| 2022-10-28 星期五 | 06:17 | 11:42 | 17:07 | 05:50 | 17:33 |
| 2022-10-29 星期六 | 06:18 | 11:42 | 17:06 | 05:51 | 17:32 |
| 2022-10-30 星期日 | 06:19 | 11:42 | 17:05 | 05:52 | 17:31 |
| 2022-10-31 星期一 | 06:20 | 11:42 | 17:04 | 05:53 | 17:30 |
| 2022-11-01 星期二 | 06:21 | 11:42 | 17:03 | 05:54 | 17:29 |
| 2022-11-02 星期三 | 06:21 | 11:42 | 17:02 | 05:55 | 17:28 |
| 2022-11-03 星期四 | 06:22 | 11:42 | 17:01 | 05:56 | 17:27 |
| 2022-11-04 星期五 | 06:23 | 11:42 | 17:00 | 05:57 | 17:26 |
| 2022-11-05 星期六 | 06:24 | 11:42 | 16:59 | 05:58 | 17:25 |
| 2022-11-06 星期日 | 06:25 | 11:42 | 16:58 | 05:59 | 17:25 |

在相关网站上查询日落时间

查询天气情况

另外，我们还需要在相关的 App 中查看日落时刻的天气情况。例如 11 月 10 日的日落时刻天气晴朗，这就意味着我们可以拍摄到日落。假设这个时候天气是多云或者下雨，那就意味着我们大概率是看不到日落的，就算去了也无法拍摄到想要的画面，此时我们可以改变拍摄计划。

确定了拍摄地点的日落时间和天气情况后，我们就可以规划出发时间了。如果是乘坐公共交通工具，需要提前查询多久才能到达；如果是打车或者自驾，还应该考虑路上是否会堵车、终点是否方便停车等问题。尽量在日落前半小时到达拍摄地点，这样就有充分的准备时间去选择合适的起飞点、降落点和拍摄角度，然后静候太阳落山的时刻。我们如果临近日落时刻才准备出发，那么匆忙赶到拍摄地点时很有可能已经错过了最好的拍摄时间，从而很难拍到理想的画面。

　　在地图 App 上查询出行路线时，可以顺便切换到卫星地图，查看周边的环境信息。比如拍摄地点的地形地貌，周边是否有开阔的平地，是否有过多的树木、楼房，等等。如果需要进行长时间拍摄，还应提前寻找周边有没有方便充电的地方，这样就可以多带几块电池，交替充电和使用。

　　当然，我们仅靠二维地图还不足以掌握拍摄地点的完整信息，如果有三维地图的补充，我们就可以进行更加全面的分析了。打开网页版的三维地图，使用街景功能了解更多信息。目前街景功能已经涵盖大部分城市街道的三维影像，我们可以试着将拍摄地点的名称输入进去，查看网页是否能呈现三维街景。如果拍摄地点有三维街景的话，我们便可以更加直观全面地查看拍摄地点的地貌及存在的障碍物等，这是一种非常有效的信息筛查方法。

三维街景

　　我们需要对拍摄地点的空域情况进行了解，接下来列举几种判断空域情况的方法。

　　方法一：在大疆官网上查询限飞区。

　　方法二：在无人机遥控器上查询限飞区。

　　方法三：在小红书、抖音、景区官网等平台上搜索限飞信息，查询潜在的禁飞风险。近些年多地旅游景区相继发布了禁飞无人机的通知，我们在飞行无人机之前应了解这些信息，以免发生危险情况。

在小红书上查询到的限飞信息

旅游景区禁飞公示牌

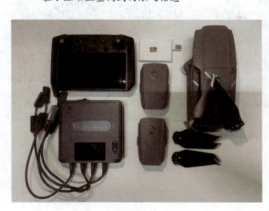

图片清单

出发前的最后一项准备工作是清点航拍设备。不论携带什么设备，一定要在出发前按照飞行计划表清点一遍，同时确保遥控器和无人机充满电，桨叶完整无破损。如果使用的是需要连接手机的遥控器，还要确保手机的电量充足。千万要注意查看 SD 卡是否插在无人机机身内，很多人因为忘记携带 SD 卡而导致整个拍摄计划泡汤。

另外，如果需要连续多日拍摄，每块电池都要多次使用的话，记得携带充电器，必要的时候还要带一个移动电源和逆变器。

除了那些必要的无人机设备，还有一些配件是可以使用到的。例如，有些厂家的无人机可以选配桨叶保护罩，将其安装在桨叶下面，能够在一定程度上保护无人机不因撞到障碍物而摔落，DJI Avata 的机身周围一圈就装有桨叶保护罩。如有需要可以根据自己的设备选配安装桨叶保护罩，但安装了桨叶保护罩以后，无人机的续航时间会变短，操控性会变差。

带有桨叶保护罩的大疆无人机　　　　　　　　　加装桨叶保护罩

　　在清点设备的时候还可以根据拍摄需求及天气情况携带一些其他配件，例如 UV 镜、便携收纳包、遥控器遮光罩、充电管家、防水箱等。

UV 镜（引自大疆官网）

## 6.2　现场环境安全检查

　　无人机起飞前，我们要对其进行检查。

飞行器　电量、摇杆模式　移动设备　是否破损、正反、数量　电池　SD卡容量、镜头、图传系统

状态、固件版本、开机检查　遥控器　电量、数据线、DJI GO软件版本　桨叶　型号、电量、固件版本　相机

无人机设备检查项

在室外航拍的时候，周边可能会存在多种干扰因素，威胁飞行安全，比如电线、电塔、信号塔、高楼、树枝、峡谷等固定障碍物，以及电磁信号等可能干扰无人机信号传输的潜在因素。

电线、电塔

峡谷

固定障碍物中，电线和信号塔的斜拉线都无法被避障模块识别，所以在飞行无人机的时候我们要有规避此类障碍物的意识，通过云台相机的第一视角画面进行判断，避免无人机触碰到障碍物，从而造成炸机。

电线杆上的电线

在高楼林立的城市中操纵无人
机飞行时，要注意楼体表面的玻璃
也无法被避障模块识别。当无人机
靠近楼体的时候，两座相邻的高楼
中间的气流是非常乱的，高楼间还
可能会出现阵风，强阵风会干扰无
人机悬停的稳定性，造成无人机被
"吹"到高楼上坠落的情况。因此
无人机在飞行时要与高楼保持安全
距离，同时避开两座高楼之间的区
域。高楼的另一个潜在风险是容易
影响遥控器和无人机之间的信号传
输，特别是当无人机与遥控器之间
隔着楼体时，很容易出现图传、数
传信号丢失的情况，严重的话也会
造成炸机。

相邻的高楼

在自然环境中，也有许多因素
会威胁无人机的飞行安全，比如树
枝。树枝与斜拉线的情况类似，有
时难以被避障模块识别。在近距离
拍摄树木题材的场景时，无人机要
与树枝保持一定的安全距离，避免
螺旋桨打到树枝而造成炸机。

无人机撞到树上

拍摄江河湖海等场景时，如果无人机距离水面很近，可能会被吸入水中。你
知道这是为什么吗？这是因为无人机在距离水面两个翼展高度内的时候，会缺少
地面效应，从而下坠，以至掉入水里。所以，我们在拍摄水面的时候，要通过云
台相机的第一视角画面判断无人机距离水面的距离，当拿不准的时候就将无人机
飞得高一些，以保证无人机与水面之间有足够大的距离。

在峡谷地区飞行与在高楼之间飞行的注意事项类似，尤其要注意变化不定的
风向和狭窄风口处的强烈阵风，保障无人机的安全。

## 6.3 航拍前期规划

### 6.3.1 撰写拍摄脚本

如果是比较正式的短视频作品创作，在航拍前，我们要预想出成片效果，包括每个航拍镜头的起幅、落幅位置，运镜形式、速度及时长，转场和剪辑方式，景别与光线效果，等等。为了能在现场以最高效率完成拍摄，以及避免漏拍镜头，我们需要在拍摄前撰写较为详细的拍摄脚本。拍摄脚本可以是文字形式的，也可以是手绘或者图片形式的。拍摄脚本需要包含拍摄地点、拍摄主题，镜头说明、拍摄时间、草图或样张、镜头时长等基本信息。如果有演员出镜，拍摄脚本还需要包括服装、道具等详细信息。

| 拍摄主题 | 万里长城，金山独秀 | | 拍摄时间 | 20XX 年 12 月 10 日 | | | | |
|---|---|---|---|---|---|---|---|---|
| 拍摄地点 | 金山岭长城 | | 导演 | 张三 | | | | |
| 镜号 | 景别 | 画面内容 | 运镜 | 字幕 | 音效 | 机位 | 时间 | 备注 |
| 1 | 全景 | 自东向西摇镜头，展示金山岭长城全貌 | 摇 | 无 | 无 | 售票处附近 | 3S | |
| 2 | 近景 | 将军楼 | 定 | 假期前最后一天 | 无 | 正前方 | 2S | |

短视频拍摄脚本

如果情况允许，可制作航拍镜头脚本，提前将拍摄流程仔细地记录在文档中，以增强航拍时的规范性。

### 6.3.2 选择正确的起降点

选择正确的起降点时有几点需要注意。一是要选择地形平坦、地面平整的位置。地形平坦是指不要有斜坡，地面平整是指周边 1 米范围内不要有凸起和坑洞。二是起降点周边 5 米范围内不要有杂草、碎石、沙砾等障碍物，避免无人机在起降过程中触碰到障碍物或尘土等卷入电机内导致无人机炸机的情况发生。三是查看起降点周边的电磁情况，你可以通过遥控器查看数传、图传信号的强弱程度，也可以借助其他辅助工具来查看。

平坦开阔的起降点

### 6.3.3　航线规划

航线规划是航拍前期规划的重要内容，合理的航线规划能使拍摄更为顺利。

航线规划中，拍摄者要做到以下几点。

（1）起飞无人机，对航线进行全景勘测。确认这条航线是否安全，确认飞行空间的大小和是否有视觉死角。

（2）思考无人机是否会飞到 GPS 信号较弱或消失的位置。

（3）观察是否存在可能对无人机的信号传输产生干扰的物体，如高压线和信号塔等。

（4）观测航线上存在的物体，预判画面效果。

## 6.4　遇到特殊场景时的注意事项

　　无人机航拍的过程并不总是一帆风顺的，有时难免会遇到一些特殊场景，这可能会给飞手带来很大的心理压力，尤其是对于新手来说，在无人机起飞后其心里总是非常忐忑，担心无人机不能顺利返航。本节将对一些特殊场景进行有针对性的分析，帮助大家从容应对将来可能会遇到的多种情况，以合理安排飞行任务。

雨天山谷水雾

### 6.4.1　雨天

　　雨天是不适合无人机飞行的天气之一。首先，无人机通常不具备防水的特性，相关电子元器件很容易被雨水浸湿，造成损坏。其次，雨天的光线较暗，拍出来的照片会显得灰蒙蒙的，只能满足特殊的拍摄需求。

　　如果需要在雨天飞行无人机，可以随身携带一块吸水性强的毛巾，及时擦拭无人机。如果在刚下过雨的山区飞行无人机，需要注意有无水蒸气凝结而成的水雾，尽量避免让无人机穿越水雾，因为水雾也会对无人机的电机造成损害。

### 6.4.2　风天

　　在风天，无人机为保持姿态和飞行，会耗费更多电量，续航时间会缩短；同时，飞行稳定性也会大幅度下降。在风天飞行无人机时，最大风速不应超过无人机的最大飞行速度。如果飞行过程中风速过大，遥控器屏幕上也会出现相应的提醒，这时候我们一定不要抱有侥幸心理，最好及时让无人机返航，等风速小一些的时候再飞行无人机。

风速过大提醒

气流的出现会使飞行中的无人机突然上升或者下降。例如在沙漠、戈壁等环境中拍摄时，上升气流会十分明显，抗风能力弱的轻型无人机很有可能被大风吹走。所以，在特殊环境下要时刻注意无人机的飞行状态，出现特殊情况后要及时进行调整或使无人机返航，避免意外发生。

飞行时还要注意判别风向，如果是逆风，无人机的飞行速度会受到影响，电量也会比无风状态下消耗得更快；此时要多预留一些电量用于返航，以免无人机无法正常返航。

### 6.4.3 雪天

在雪天用无人机记录雪花漫天飞舞的情景，可以带给人们非常震撼的视觉感受。美丽的雪景非常适合用无人机航拍，但无人机的飞行时间不宜过长，因为雪花接触到电机后会因高温融化成水，这样无人机就存在短路的风险。

雪天的气温较低，受低气温的影响，无人机电池的温度也会随之降低，这有可能导致无人机无法起飞，所以我们要随身携带一些保温设备；其中最方便的就是暖宝宝，把它直接贴在无人机机身上就可以让电池保暖。另外，低温会使无人机的续航时间缩短，所以我们要随时关注剩余电量，根据剩余电量合理安排拍摄内容。

在雪天飞行无人机时，要选择没有积雪的起降点，以保障无人机的安全。如果有条件，建议使用停机坪起降无人机，这样能大大降低雪水进入无人机的概率。在一些崎岖地形，也可以借助表面平整的箱包来起降无人机。

雪景拍摄

### 6.4.4 雾天

在雾天，能见度较低，操控无人机比较危险，且拍摄出来的画面非常灰暗，难以拍出好看的素材。那么如何判断雾是否大到影响飞行呢？通常来说，如果能见度小于 800 米，此时的雾就可以称为大雾，此时也就不适宜飞行无人机。

实际上，雾不仅影响能见度，也影响空气湿度。在大雾中飞行，无人机也会变得潮湿，雾有可能影响到无人机内部精密部件的运作，而且在镜头上形成的水汽也会影响航拍效果。对于无人机这类精密的电子产品，水汽一旦进入内部，很可能损坏内部电子元器件。所以，在雾天使用无人机后，除了对其进行简单的拭擦，还要做好干燥、除湿方面的保养。可以将无人机放置到电子防潮箱中，或者将无人机与干燥剂一起放于密封箱中进行保存。

　　注意，无人机在雾天可能会失灵，如把 100 米的高空识别成地面，将降高度指令理解为直接启动降落程序，这样会导致什么后果可想而知。你如果没有及时控制摇杆，很可能就痛失一台无人机。

雾天

### 6.4.5　穿云

穿云航拍画面的朦胧飘逸感是令人惊艳的。但如果云层过厚，我们就不能实时监测到无人机的动向，穿云航拍就具有一定的危险性。所以我们要时刻观察无人机的动向，发现无人机的踪影比较模糊时就要令无人机返航，以确保飞行安全。

穿云航拍

### 6.4.6　高温或低温天气

在高温天气切忌让无人机飞行太久，而且应在两次飞行之间让无人机进行充分的休息和冷却。因为无人机的电机在运转时，会产生大量的热量，电机非常容易过热，在一些极端情况下，无人机的一些零部件和线缆可能会融化。

　　在低温天气也要避免让无人机飞行过长时间，在飞行中要密切关注电池的状况，因为低温会使无人机的续航时间缩短。一旦发现电量猛然降低，就要让无人机赶紧返航。

### 6.4.7　夜晚

　　夜间航拍是航拍爱好者最喜欢的航拍方式之一。同样的场景分别在白天和夜晚拍摄，能展现完全不同的风格和氛围。夜间航拍的安全问题也是不容忽视的。在无人机起飞后和进行位置移动之前，一定要先操控无人机旋转一周，环视周围的环境，确认一下水平高度内有没有障碍物，若有则需要明确其距离无人机大概有多远，心里有数后再继续做其他的飞行动作。这样做的原因是夜间环境光较弱，无人机的避障模块很难识别到障碍物，当无人机在左右移动和后退的时候，相机依然是朝向前方的，我们无法确定无人机的飞行路线上是否存在障碍物。这也是许多新手在练习夜间航拍时容易忽视的问题。如果时间充足的话，最好在白天提前到达起降点进行踏勘。起降点一定要避开树木、电线、高楼和信号塔等。

夜间航拍

# 第 7 章
## 航拍运动镜头与拍摄手法

本章将介绍无人机航拍的运动镜头与拍摄手法。

## 7.1　运动镜头

在电影或电视剧中，经常会出现无人机航拍镜头，这些镜头画面不但视觉冲击力十足，而且有着非常炫目的效果，因此吸引了大量观众。本节将介绍多种运动镜头及拍摄手法，帮助大家拍出流畅好看的航拍视频。

### 7.1.1　旋转镜头

旋转镜头指的是无人机飞到指定位置后，通过旋转机身拍摄的镜头。下面这组旋转镜头是笔者在俄博梁拍摄的。拍摄旋转镜头，只需左手向左或向右打杆，无人机就会顺时针或逆时针旋转；之后点击拍摄按键，即可开始拍摄视频。

镜头画面 1

镜头画面 2

镜头画面 3

镜头画面 4

旋转镜头的主要作用：一是展示主体周围的环境，扩大视野；二是增强镜头的主观性；三是通过依次展现不同的主体，暗示其相互之间的特殊关系；四是用于制造悬疑感或期待感。

## 7.1.2　俯仰镜头

在视频画面中，拍摄的角度不同，主体在观众视觉范围内的方位、形象就会不同，从而引起观众对主体的注意，改变观众的心理反应。仰拍就是相机以由下往上、从低向高的角度进行拍摄。俯拍就是相机以由上往下、从高往低的角度进行拍摄。

俯仰镜头很容易拍，用右手拨动相应云台拨轮即可。一般情况下，云台的俯仰会伴随着无人机的向前或向后移动，这样拍摄出来的效果更佳。下面 4 幅图像是一组仰镜头，由低到高、由远到近地展现了"天津之眼"这个主体。

镜头画面 1

镜头画面 2

镜头画面 3

镜头画面 4

### 7.1.3　环绕镜头

环绕镜头又称为"刷锅"，是指主体不动，无人机环绕主体做圆周运动，相机始终朝向主体，并通常将主体置于画面中央所拍摄的镜头。环绕镜头的主要作用有 3 个，一是突出主体的重要性，二是增加场景的紧张情绪，三是增强画面的动感和能量。

下面是笔者在俄博梁拍摄的环绕镜头，画面中的主体是笔者。以主体为中心拍摄环绕镜头，可以引导观众将视线聚焦于主体。

镜头画面 1

镜头画面 2

镜头画面 3

镜头画面 4

### 7.1.4　追踪镜头

追踪镜头就是无人机追随移动目标进行拍摄的镜头，常用来表现行驶中的汽车、船只等。追踪镜头有着很强的画面感染力，充满动感，能让观众身临其境。追踪镜头的拍摄难度较大，需要拍摄者对无人机的操作相当熟练，左右手要相互配合，甚至要同时控制无人机的前进、转向与云台的俯仰。同时，拍摄追踪镜头还需要两人配合，例如在拍摄行驶中的汽车时，司机要控制好车速与行驶路线，飞手要时刻关注汽车的动向，两人完美配合才能拍出理想的效果。

下面是笔者在俄博梁拍摄的追踪镜头，主体是两辆行驶中的汽车。

镜头画面 1　　　　　　　　　　　　　镜头画面 2

镜头画面 3　　　　　　　　　　　　　镜头画面 4

## 7.1.5　侧飞镜头

侧飞镜头是无人机在主体的侧面所拍摄的镜头，无人机的位置与主体的位置关系通常有平行和倾斜角两种。当场景中的元素比较多时，无人机平行于场景运动，这样的镜头能够连续展示场景中的元素，拍摄到的画面会像一幅画轴一样延展开来。因此，侧飞镜头通常用于交代环境信息。

下面是笔者在俄博梁拍摄的侧飞镜头，展现了奇特的雅丹地貌。

镜头画面 1　　　　　　　　　　　　　镜头画面 2

镜头画面3

镜头画面4

## 7.1.6 向前镜头

向前镜头是最简单的运动镜头，只要在拍摄时保持无人机前进即可。向前镜头一般是在拍摄海岸线、沙漠、山脊、笔直的道路等的时候使用。向前镜头有一种揭示环境的作用。

下面是笔者在俄博梁拍摄的向前镜头，营造了一种探索的氛围，十分有趣。

镜头画面1

镜头画面2

镜头画面3

镜头画面4

### 7.1.7　向后镜头

虽然只有一字之差，但向后镜头的拍摄难度比向前镜头大很多，主要是因为在无人机后退飞行的过程中我们无法观测到无人机后方的障碍物。无人机直线向后飞行时，镜头也要随着拉远，因此在拍摄特定的场景时，例如日落、日出等，向后镜头的视觉效果很特别。向后镜头最大的特点是具有不确定性，观众很难预测接下来会有什么景物出现在眼前，这增强了视频的趣味性。

下面是笔者拍摄的向后镜头无人机不断后退和升高，逐渐展示整体环境。此类镜头常在视频的结尾使用。

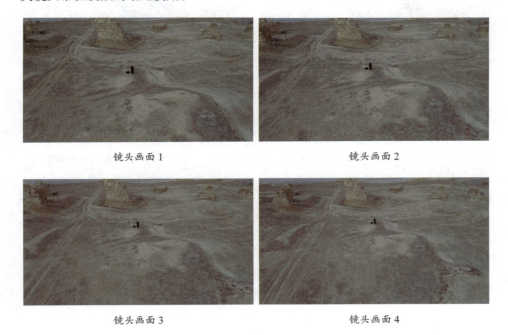

镜头画面 1　　　　　　　　　　　　　　　　镜头画面 2

镜头画面 3　　　　　　　　　　　　　　　　镜头画面 4

## 7.2　拍摄手法

除了多种运动镜头，笔者还提供了多种拍摄手法供拍摄者学习。学会这些拍摄手法，你就能在航拍视频领域有所发展、有所创造。

### 7.2.1　俯视悬停拍法

俯拍镜头最独特的地方在于能把三维世界二维化，让观众以平面视角重新认识世界，十分吸引人。

俯视悬停拍法是指无人机静止在空中，相机完全垂直向下拍摄。这种拍摄手法一般用来拍摄移动的主体，比如船只、汽车等，所拍镜头算是一种空镜头，可以用于视频转场。下面是笔者用俯视悬停拍法在西部公路上空拍摄的镜头，画面中的车辆增强了视频的动感。

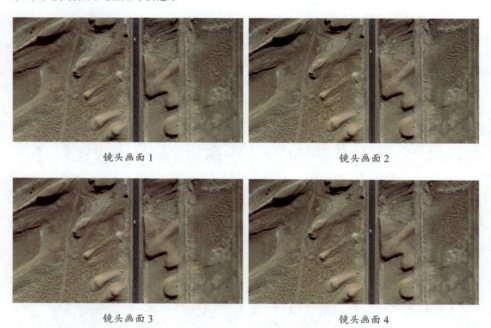

镜头画面 1　　　　　　　　　　　　镜头画面 2

镜头画面 3　　　　　　　　　　　　镜头画面 4

### 7.2.2　俯视向前拍法

俯视向前拍法在拍摄电影时经常用到，经常用来展示摩天大楼，画面给人很强的压迫感。值得注意的是，运用俯视向前拍法时，无人机的飞行速度不要太快，无人机要保持慢速、匀速飞行，这样才方便观众看清被展示的目标。下面是笔者在翡翠湖用俯视向前拍法拍摄的镜头，展现了翡翠湖漂亮的纹理。

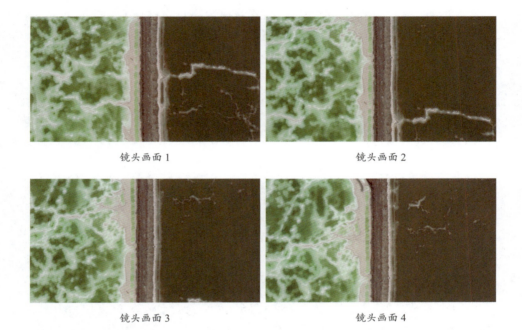

镜头画面 1　　　　　　　　　　　　　镜头画面 2

镜头画面 3　　　　　　　　　　　　　镜头画面 4

### 7.2.3　俯视拉升拍法

　　俯视拉升拍法会让画面景别越来越大，可能从特写变化到远景，是一种很好地由小到大地展示场景的拍摄手法。垂直拉升无人机的过程是逐步扩大视野的过程，画面会不断显示周边的景象。下面是笔者在艾肯泉用俯视拉升拍法拍摄的镜头，画面景别由中景扩大到全景，视野也越来越开阔，很好地交代了周边环境。

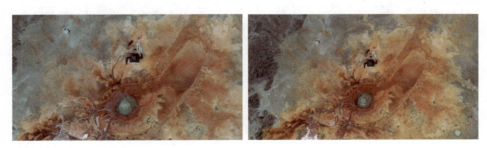

镜头画面 1　　　　　　　　　　　　　镜头画面 2

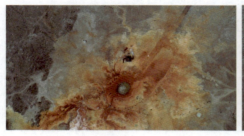 

镜头画面 3　　　　　　　　　　　　　镜头画面 4

### 7.2.4　俯视旋转拍法

俯视旋转拍法就是让无人机悬停在空中，控制机身旋转，用垂直向下的视角拍摄，以展现环境，并使所拍画面有绚丽的视觉效果。下面是笔者用俯视旋转拍法拍摄的艾肯泉的镜头，既展现出艾肯泉的神秘，又让观众有沉浸感、代入感。

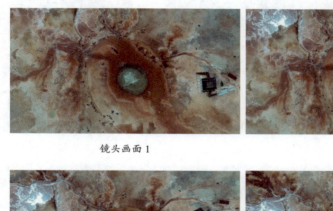

镜头画面 1　　　　　　　　　　　　　镜头画面 2

镜头画面 3　　　　　　　　　　　　　镜头画面 4

### 7.2.5　俯视旋转拉升拍法

俯视旋转拉升拍法是俯视旋转拍法的升级版，加入了上升的动作。使用该拍摄手法时，无人机的运动方式与之前讲的螺旋模式下无人机的运动方式类似，只不过此时相机垂直朝下拍摄。拍摄时请注意，要把主体时刻放在画面中心的位置（难度很大，需要多多练习），然后小心控制摇杆，这样拍出来的画面才稳定，才能吸引观众。

下面是笔者用俯视旋转拉升拍法拍摄的镜头，伴随无人机的旋转拉升，视野慢慢变得开阔。

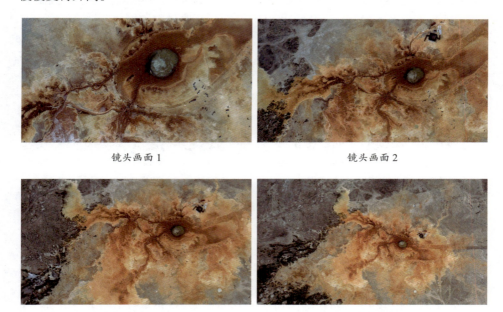

镜头画面 1　　　　　　　　　　　　　　　镜头画面 2

镜头画面 3　　　　　　　　　　　　　　　镜头画面 4

## 7.2.6　侧飞追踪拍法

侧飞追踪拍法是侧飞拍法和追踪拍法的结合。侧飞追踪拍法需要拍摄者操作无人机水平移动的同时对主体进行追踪，无人机的飞行速度既不能快也不能慢，无人机要与主体保持相对静止，以展示主体的运动方向及状态，使观众的视线能有所停留。在汽车广告或公路电影中我们常会见到用这种拍法拍摄的镜头。这种拍法不仅可以用于展现宏大的场面，同时可以增强视频的动感。

下面是笔者在俄博梁用侧飞追踪拍法拍摄的镜头，主体是一辆白色的越野车。

镜头画面1　　　　　　　　　　　　　镜头画面2

镜头画面3　　　　　　　　　　　　　镜头画面4

### 7.2.7　飞越主体拍法

飞越主体拍法是一种高级航拍手法。无人机朝主体飞去，此时是平视视角。在无人机越过主体的最高点时，视角切换为俯视视角。因为无人机和相机在不停地变换角度，所以画面会有很强的动感与未知性，当然也更有吸引力。下面是笔者用飞越主体拍法拍摄天津火车站的画面效果。

镜头画面1　　　　　　　　　　　　　镜头画面2

镜头画面 3

镜头画面 4

## 7.2.8　遮挡揭示主体拍法

遮挡揭示主体拍法是一种比较高级的航拍手法，所拍镜头可以算作侧飞镜头的一种。首先需要把与主体无关的景物作为拍摄对象，该景物要足够大，以完全挡住主体，给观众留下悬念。然后使用侧飞镜头拍法缓慢且匀速地左移或右移无人机，直至主体被完全揭示，此时观众会眼前一亮。

笔者在下面的镜头中将"天津之眼"作为主体，利用前方的居民楼进行遮挡，再让无人机向右侧飞并进行拍摄，主体则逐渐被揭示。

镜头画面 1

镜头画面 2

镜头画面 3

镜头画面 4

# 第8章
# 航拍景别、光线、构图与视角

本章将详细讲解航拍中的景别、构图与用光，帮助读者快速掌握航拍的基本画面审美规律。

## 8.1 景别

在传统摄影中，景别由大到小分为远景、全景、中景、近景和特写。而在航拍摄影中，受拍摄方法和无人机性能的限制，我们很难拍出特写画面，所以航拍摄影的景别通常分为远景、全景、中景、近景。下面对这4种景别进行介绍。

### 8.1.1 远景

在航拍中，远景多用来展现自然景观的全貌，展示人物周围的广阔空间，以及大型活动现场。远景画面能够让观众产生纵观全局的感觉，十分有气势，给人以整体感。但远景画面中缺乏对景物细节的展示，所包含的元素也较多。

远景

### 8.1.2　全景

全景相较于远景来说，主体在画面中所占比例更大，这使得主体看起来距我们更近一些。在全景画面中，主体与其周围的环境一起出现，因此全景在展现主体的同时也能交代环境，但画面中景物的细节同样比较粗略。

全景

### 8.1.3　中景

中景突出了环境里某个单独主体的信息和特征，观众在欣赏时首先会关注到主体。中景画面，仍然能展现部分背景，主体相较于全景画面被放大了很多。

中景

### 8.1.4　近景

近景在中景的基础上近一步放大了主体，重点表现主体的细节和特征，主体周边的环境元素变少，甚至完全没有。在近景画面中，环境被淡化，处于陪体地位，观众的视线会自然地落在主体上，因此近景的作用就是刻画主体。

近景

## 8.2 光线的运用

受光线的影响，世界万物会呈现出不同的色彩和效果。你会发现在不同时间拍摄同一位置的主体时，画面会呈现出完全不同的风格。这是因为光线照射到主体上时，光线的强弱、光源的位置、光线照射的方向及光质的变化都会改变主体所呈现的状态。光线在一天当中会随时间的改变而不停变化，主体所呈现的状态也会随着光线的变化而改变。因此，善于运用不同的光线，把握合适的拍摄时机，也是拍出好作品的重要方法。

在一般的航拍摄影中，由于拍摄的范围较大，人造光源无法让主体产生多样的变化，所以拍摄时的光源往往是自然光。

光线有硬光和柔光之分。在晴天，中午的阳光便是典型的硬光，硬光会使主体产生轮廓清晰的影子。在阴天和日出、日落时分的阳光是柔光，柔光是漫射、散射的光线，方向性较弱，不会让主体产生轮廓明确而又清晰的影子。

在雨后雾气消散的时分，空气的通透度往往会大大提高，物体色彩的饱和度也会有所提升。

不同照射方向的光线形成的画面明暗效果不同，概括起来有 5 种：顺光、逆光、侧光、顶光、底光。下面就这几种光线及如何合理地运用它们进行航拍进行讲解。

### 8.2.1 顺光

顺光是指照射方向与无人机镜头朝向一致的光线，其投向主体的正面。在顺光条件下，主体的大部分区域都能得到足够的照明，所拍摄的画面整体呈现出明亮的感觉，主体上不会有明显的明暗对比。顺光拍摄的画面中，所有的细节都得到了很好的展现，曝光比较好控制，但画面的立体感较弱。

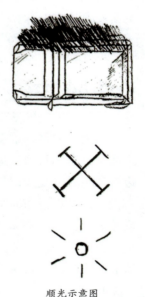

顺光示意图

### 8.2.2　逆光

逆光与顺光刚好相反，即镜头的朝向与光线照射方向相反，光线是从主体的后方投射过来的。在逆光情况下，主体的正面不能得到正常的曝光，细节得不到很好的展现。逆光拍摄对拍摄者的能力要求较高，在逆光拍摄时曝光不易控制。如果画面当中出现光源，那么光源周边容易出现高光溢出的问题，从而产生过曝的情况。但如果控制得当，画面的感染力会比较强。逆光拍摄一般用于制造朦胧的氛围，突出主体的轮廓。

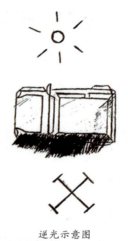

逆光示意图

### 8.2.3　侧光

侧光是指从主体的侧面照射过来的光线。侧光会在主体上形成明显的受光面和阴影面，面向光源的部分非常突出，背向光源的部分则被削弱，主体的立体感强。侧光拍摄的画面明暗反差鲜明，层次丰富，多用于表现主体的空间深度和立体感。侧光在突出主体的纹理细节上非常适用，常用于拍摄山川、沙漠等场景。

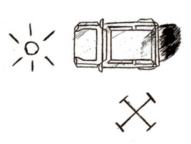

侧光示意图

### 8.2.4　顶光

顶光是指从主体的上方照射过来的光线。在航拍摄影中，我们经常会拍摄一些垂直向下俯瞰的画面，此时如果是正午时刻，太阳会位于无人机和主体的正上方，形成顶光的状态。顶光可以更好地突出主体的轮廓和形态，并且能使主体与周边环境形成区分和反差，营造一种对比的氛围。

顶光示意图

155

### 8.2.5 底光

底光是指从主体底部向上投射的光线，适用的拍摄环境较少。最常见的底光是水平面的反射光，或是在较暗的环境中人为营造的灯光。底光拍摄的画面往往具有神秘感和新奇感，多用于航拍舞台、夜间足球场等场景。

底光示意图

# 8.3 构图形式

构图是指拍摄者为了表现画面主题和艺术效果，将所有要拍摄的元素合理安排在画面当中，以获得最佳布局的方法。

构图主要是为了突出主体，增强画面的艺术效果和感染力，向观众传达拍摄者的情绪和思想。当你的航拍作品越能清晰地呈现主体时，观众越容易理解作品的含义，也会对你的作品更感兴趣。

在航拍摄影中，有几种常见的构图形式：主体构图、前景构图、对称构图、黄金分割构图、三分线构图、对角线构图等。下面进行详细介绍。

### 8.3.1 主体构图

当作品中元素过多时，杂乱的元素会给观众带来混乱感，让观众一时不知道重点在哪里，这时我们就需要对画面进行构图。构图就像是一把好用的"裁剪刀"，可以裁掉不必要的元素，留下主体。通常，照片中的元素越少，主体就越突出。所以我们在构图时，首先需要注意的就是元素的选取：多关注主体，删除其他不重要的元素。

举个简单的例子，下图中元素较多，显得杂乱无章，多种元素的散乱分布会让观众的注意力变得分散。

画面中元素过多，会分散观众的注意力

　　所以，在拍摄此类画面时，可以通过调整拍摄角度来突出主体。对画面中的杂乱元素进行调整，并垂直于地面进行拍摄，整体画面比之前更简洁明了，如右图所示。

通过调整拍摄角度，将多余的元素删除，画面更加简洁

### 8.3.2　前景构图

　　元素在平面和立体空间内的位置都很重要。照片中并没有真正的立体空间，但是我们可以通过合理安排画面的前景、中景、背景去制造纵深感，让平面的照片看起来更加立体、生动，带给观众一种观看立体空间的感觉。

　　前景可以是任何景物，对画面的主体和陪体有着很好的修饰和强化作用，并且可以丰富照片的内容和层次。在很多场景中，都可以运用前景构图。比如在左图中，蜿蜒的河流出现在前景中，这种夸大的前景会让画面当中的前景与背景有一种距离感，让画面变得更有深度，更有立体感和空间感。

蜿蜒的河流与小船是前景，位于画面中间的山脉是中景，远处的天空是背景

### 8.3.3  对称构图

对称构图是指将画面分为大致对称的两部分，能够表现空间的宽阔感。对称构图是常见的、不容易出错的构图形式。

左右对称构图

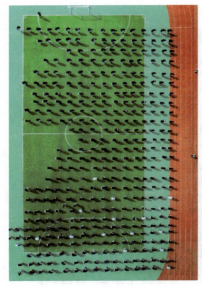

上下对称构图 1

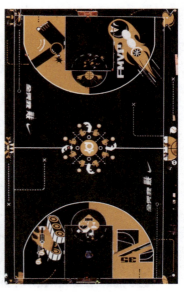

上下对称构图 2

### 8.3.4 黄金分割构图

用无人机航拍时，可以采用黄金分割构图的方法来取景构图，让画面中的主体对象显得醒目、突出，并让画面整体变得协调。黄金分割构图的画面分割比例如下图所示，主体可以放在分割线的交叉点上。

黄金分割构图的分割比例

黄金分割构图

### 8.3.5　三分线构图

三分线构图也被称为"黄金分割构图的简化版",具有与黄金分割构图相似的效果,也能给观众舒适稳定的观看体验。使用三分线构图时,我们要将画面在横竖方向上分别进行三等分,拍摄时,可以将主体放在等分线的交叉点上,将天际线放在等分线上。三分线构图适用于表现空间感强的画面。

三分线构图有两种表现形式,分别为横向三分线构图和纵向三分线构图。例如下图就是采用的横向三分线构图,天空、山川和草原在画面中的占比几乎相同,给人以舒适的观感。

横向三分线构图

左图则采用了纵向三分线构图，将整个海岸风光完整地展现了出来，同时画面又非常简洁、干净。

纵向三分线构图

### 8.3.6　对角线构图

对角线构图是指主体位于画面的对角线上或沿对角线布局，从左上角到右下角或从右上角到左下角布局均可。对角线构图会使画面显得更加生动、有活力，倾斜的角度也能增强整体画面的动感和张力。适合采用对角线构图的场景有很多，例如桥梁、公路、海岸线等。

对角线构图

对角线构图　　　　　　　　　　　　　　　　对角线构图

对角线构图　　　　　　　　　　　　　　　　对角线构图

对角线构图还能衍生出一种 X 形构图，即两条对角线都被主体填满。X 形构图常用于拍摄公路的交叉口等场景。

X 形构图

163

### 8.3.7　向心式构图

向心式构图是指主体位于画面的中心位置、四周的景物向中心集中的构图形式。向心式构图能将观众的视线引向位于画面中心的主体，并起到聚焦的作用。

向心式构图

向心式构图

### 8.3.8　曲线构图

笔挺的树木因为有绿叶相衬才显得富有生机，若是一根孤零零的树干伫立在地面，想必给人更多的是一种凄凉感而不是美感。笔直的公路总会给人以单调的观感，但如果是蜿蜒曲折的公路，再通过俯视视角展现，画面则会显得更加自然、唯美，多变的线条走向也会引导观众的视线在画面里"自由地漫步"。

曲线构图

### 8.3.9　几何构图

几何构图是指画面中有固定轮廓形状的几何图形。我们知道，不同的几何图形有着不同的观感，例如圆形或椭圆形常给人一种完整且稳定的感觉。当一个大的圆形或椭圆形出现在画面中时，可以迅速吸引观众的注意。

椭圆形构图

三角形则兼备动态和稳定的观感，这取决于三角形的形态。等边三角形看起来更均衡，而等腰三角形能带来更强的动感。需要注意的是，如果三角形的 3 边都不等长，画面就会失去稳定性。

三角形构图

　　矩形给人稳定、静态的感觉，但矩形构图有时会使画面显得较为呆板，此时不妨试一下菱形构图，它会让画面更加具有动感。

矩形构图

　　生活中的许多元素并不是按照固定的形状来呈现的，不规则图形在航拍摄影中也具有极强的视觉冲击力和画面内容想象力。

心形构图

T 形构图

### 8.3.10　重复构图

　　重复构图是指让元素重复排列，由此得到的画面中充满秩序感。自然界中固有的和人工制造的重复元素有很多，如森林中的树木、层层梯田、建筑中大量类似的门窗等。

重复构图

重复构图

## 8.4  视角

　　无人机在空中的实际位置、镜头的角度以及镜头的焦距等因素都会对构图产生影响。在地面摄影中，我们可以通过移动来寻找合适的拍摄位置，扩大或缩小我们与主体的距离，并寻找适合衬托主体的前景和背景。而在航拍摄影中，我们是通过控制无人机的位置与镜头的角度来达到最佳拍摄位置的。只有掌握了相应的飞控技术和云台相机视角调控技巧，才能真正发挥航拍全方位、多视角的拍摄优势。

　　无人机拍摄的视角可划分为俯仰视角和水平视角。俯仰视角是指无人机相机镜头与拍摄对象的连线与水平线之间的夹角。俯仰视角一般为仰视 30 度到俯视 90 度。不建议大幅度仰拍，因为大幅度仰拍容易拍摄到无人机的机体，使画面产生黑边。水平视角是指无人机镜头的朝向与水平面平行的拍摄视角。

仰视 10 度拍摄的瀑布，画面更加壮观

169

俯视 45 度拍摄的风景，画面更加具象

俯视 90 度拍摄的海岸。镜头垂直于地面进行拍摄，犹如鸟儿俯瞰大地一般，将我们日常生活中常见的事物以完全不同的角度进行呈现，能表现出一种另类的美感。这个角度的画面一般也只能借助无人机拍摄

水平视角拍摄的自然景观，更接近人眼的视角，但是无人机能在人眼所不能达到的高度进行拍摄

　　拍摄高度对画面的表现力有着较大的影响，在很大程度上直接决定了画面的景别。拍摄高度并不决定一切，但拍摄高度影响视角。航拍并不是一味地追求大而全，我们可以合理规划无人机的航线，灵活地移动，获得更精准和自由的摄影角度。此外，请保持无人机始终在视距范围内。

# 第9章
## 无人机摄影后期修图

在掌握了无人机前期控制与实拍的知识之后，接下来我们将学习无人机航拍照片的后期处理技巧，包括借助 App 进行修片和在计算机上借助 Photoshop 进行修片的技巧。

## 9.1 利用 App 快速修图

用无人机拍完照片后，用户可以通过数据线将照片导入手机，利用修图类 App 方便快捷地处理照片。本节以 Snapseed 为例，介绍手机修图的简要流程。用户处理完照片后，可以直接将其分享到社交媒体，非常高效。

### 9.1.1 裁剪照片

Snapseed 是一款全面而专业的照片编辑工具，内置了多种滤镜效果，并且支持多种参数调节，可以帮助用户快速修片。下面介绍用 Snapseed 裁剪照片的步骤。

在 Snapseed 中打开一张照片，点击下方的"工具"按钮。

执行上述操作后，点击"剪裁"按钮。

进入"剪裁"界面，用户可以选择各种比例进行裁剪，其中包括"正方形""3：2""4：3""16：9"等。点击"自由"按钮。

调整裁剪框，选定要保留的区域。

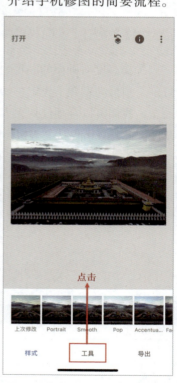

点击"工具"按钮

　　确定裁剪区域后，点击右下角的"√"按钮，即可完成裁剪照片的
操作。

点击"剪裁"按钮

点击"自由"按钮

调整裁剪框

完成最终效果

## 9.1.2 调整色彩与影调

使用无人机拍摄照片时，尤其是拍摄 RAW 格式的照片时，照片的色彩会有所损失，此时我们需要在 Snapseed 中对照片进行色彩还原。下面介绍通过 Snapseed 调整照片色彩与影调的方法。

在 Snapseed 中打开一张照片，点击下方的"工具"按钮。

执行上述操作后，点击"调整图片"按钮。

进入"调整图片"界面，点击下方的"调整"按钮 ，里面有多种参数可供调节。点击"亮度"按钮。

点击"工具"按钮

点击"调整图片"按钮

点击"亮度"按钮

向右滑动屏幕增加照片的亮度，本例调整为 +36。

点击下方的"调整"按钮 ，点击"对比度"按钮，向右滑动屏幕增加照片的对比度，本例调整为 +24。

点击下方的"调整"按钮 ，点击"饱和度"按钮，向右滑动屏幕增加照片的饱和度，使画面的色彩更鲜艳，本例调整为 +46。

增加亮度　　　　　　　　　　　　　　　　增加对比度

　　点击下方的"调整"按钮，点击"高光"按钮，向右滑动屏幕增加照片的高光，使画面的光感更强，本例调整为 +32。

增加饱和度　　　　　　　　　　　　　　　　增加高光

完成照片色彩与影调的调整后，最终效果如下图所示。

完成色彩与影调调整的最终效果

### 9.1.3 突出细节

如果无人机拍摄的是 RAW 格式的照片，那么照片的细节就有很多可以调整的地方。应用突出细节工具可以快速聚焦模糊边缘，提高照片中特定区域的清晰度或者调整焦距，使该区域的色彩更加鲜明。下面介绍利用 Snapseed 对照片进行突出细节处理的步骤。

在 Snapseed 中打开一张照片，点击下方的"工具"按钮。

执行上述操作后，点击"突出细节"按钮。

进入"突出细节"界面，点击下方的"调整"按钮，里面有两种参数可供调节，分别是结构与锐化。点击"结构"按钮。

点击"工具"按钮

点击"突出细节"按钮

点击"结构"按钮

　　向右滑动屏幕增加照片的结构纹理，使屋顶上的纹理更清晰，本例调整为 +28。

　　点击下方的"调整"按钮，点击"锐化"按钮，向右滑动屏幕增加照片的锐度，使整张照片的细节更加突出，本例调整为 +15。

调整结构

调整锐化

完成照片的突出细节处理后，最终效果如下图所示。

完成突出细节处理的最终效果

### 9.1.4　使用滤镜一键调色

利用 Snapseed 不仅可以对照片的色彩、细节、构图等进行调整，还可以通过
其自带的滤镜库一键修图，从而快速将平平无奇的照片变成艺术大片。下面介绍
通过 Snapseed 的滤镜进行一键调色的步骤。

在 Snapseed 中打开一张照片，点击下方的"样式"按钮。

进入"样式"界面，里面有各种各样的滤镜可供选择。

选择一种滤镜，软件会自动套用滤镜预设。

点击"样式"按钮

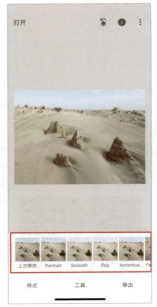

多种滤镜可供选择

选择一种滤镜

完成照片的一键调色后，最终效果如下图所示。

完成一键调色的最终效果

### 9.1.5 去除画面中的杂物

Snapseed 中的"修复"工具可以帮助用户轻松快速地消除画面中的杂物，比如行人、脏点等，操作方法也非常简单。下面介绍利用 Snapseed 的"修复"工具去除画面中的杂物的操作方法。

在 Snapseed 中打开一张照片，点击下方的"工具"按钮。

执行上述操作后，点击"修复"按钮。

进入"修复"界面，两指放在屏幕上并同时向外移动，以放大照片，用手指涂抹需要去除的杂物，本例中是一辆白色的越野车。

点击"工具"按钮

点击"修复"按钮

用手指涂抹杂物

完成去除杂物的处理后，最终效果如下图所示。

完成去除杂物处理的最终效果

### 9.1.6　在照片中添加文字

在 Snapseed 中，用户可以根据需要在照片中添加文字。在照片中添加文字，可以让观众一眼看出拍摄者想要表达什么，还可以让照片变得更精致。下面介绍在照片中添加文字的步骤。

在 Snapseed 中打开一张照片，点击下方的"工具"按钮。

执行上述操作后，点击"文字"按钮。

进入"文字"界面，点击下方的"样式"按钮 🖌，里面有多种文字样式可供选择，选择一种文字样式，之后在预览窗口中双击文字。

点击"工具"按钮

点击"文字"按钮

"样式"设定界面

在文本框中输入文本，可以是表达主题或情绪等的文本，然后点击"确定"按钮完成操作即可。

点击下方的"不透明度"按钮 ◌，滑动滑块可以调节文字的不透明度。

点击下方的"颜色"按钮 🎨，选择一种自己喜欢的颜色。

输入文本 　　点击"不透明度"按钮，之后 　　点击"颜色"按钮，之后选择一
　　　　　　　　修改不透明度 　　　　　　　　种颜色

用手指拖动文字可以移动其位置，点住文字边框可改变其大小。

完成照片中文字的添加后，最终效果如下图所示。

移动文字位置 　　　　　　　　完成文字添加的最终效果

## 9.2　利用 Photoshop 精修照片

要想使航拍照片更加吸引人，就需要在计算机上用 Photoshop 对其进行精细修图。利用 Photoshop 可以对航拍照片进行全方位的处理，弥补前期拍摄的缺陷。本节介绍用 Photoshop 精修照片的方法。

逆光拍摄的照片色彩是非常具有戏剧性的，画面空间感也很强。下面是用御Mavic 2 拍摄的发电站的逆光日落照片。原图看起来有些灰暗，画面也缺乏质感和氛围，而后期调整让日落的氛围得到了很好的强化。

接下来演示这张照片的后期处理过程。

原图与后期效果图

## 9.2.1 画面分析

在 Photoshop 中打开这张照片，照片会默认在 ACR 中打开，如下图所示。

在 ACR 中打开照片

直方图

在修片之前，我们先来看一下这张照片的拍摄参数：感光度是 ISO 100，焦段是 10.3毫米，光圈是 f/8，曝光时间是 1/400 秒。这样的参数设置应该可以保证画面的画质及清晰度。但我们可以看到画面是欠曝的，为什么画面会欠曝呢？因为在逆光的环境中，画面中的亮部很容易过曝，这样的话细节就不会很多。所以在逆光的环境中拍摄照片要尽可能欠曝一些，只有欠曝了，照片的色彩才能够保留得更好。

这张照片的后期处理思路：进行二次构图、矫正畸变、画面整体氛围和细节优化、调色、局部调整、输出前的优化。

### 9.2.2　进行二次构图

二次构图是指对照片进行裁剪，或是对照片中的元素进行一些特定的处理，改变画面的构图方式，提升画面的表现力。

有时候拍摄的照片四周可能会显得比较空旷，除主体之外的区域过大，这样会导致画面显得不够紧凑。这时我们需要裁掉部分区域，让画面显得更紧凑，让主体更突出。

本例这张照片中的主体是发电站，四周过于空旷的地面与天空分散了观众的注意力，让主体显得不够突出。在工具栏中选择"裁剪工具"，设定原始比例，如果感觉裁剪的位置不够合理，还可以把鼠标指针移动到裁剪边线上，按住鼠标左键并拖动，以改变裁剪区域的大小。

使用"裁剪工具"对画面进行裁剪

裁剪后的效果

### 9.2.3　矫正畸变

照片如果是使用广角镜头拍摄的，那么四周会存在一些畸变（畸变的程度取决于镜头的光学素质），这些畸变会让画面中的水平线扭曲。勾选"启用配置文件校正"复选框，畸变通常就会被消除。

镜头配置文件

当然，启用配置文件校正能否消除畸变还有一个决定性因素，即镜头配置文件是否被正确载入。大多数情况下，如果我们使用的是与相机同一品牌的镜头，也就是原厂镜头，那么镜头配置文件都会被正确载入；如果我们使用的镜头与相机非同一品牌，也就是副厂镜头，那么我们在校正时可能就需要手动选择镜头的型号。

消除畸变后的效果如图所示，可以看到画面中的线条更规整。

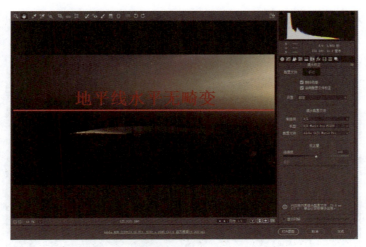

消除畸变后的效果

## 9.2.4 画面整体氛围和细节优化

打开"基本"面板，提高白色的值，降低黑色的值，增大画面对比，具体参数如下图所示。

增大画面对比

此时云层是非常有层次感的，但笔者这样操作过后，很多地方会有过曝的倾向，所以要降低高光的值，同时提高阴影的值，找回一些暗部的细节，具体参数如下图所示。这样一来，整个画面的对比度和通透度就很合适了，暗部和亮部的细节也都还原了。

还原暗部和亮部的细节

在逆光的情况下，把霞光调整得太艳或太暗都不好，霞光太艳画面会显得有点假，霞光太暗画面容易显得不通透，所以我们要把它的亮度调整得恰到好处。这个时候可以适当提高曝光的值，具体参数如下图所示。增加曝光之后，画面会被整体提亮，这样看起来对比就不那么强烈了。

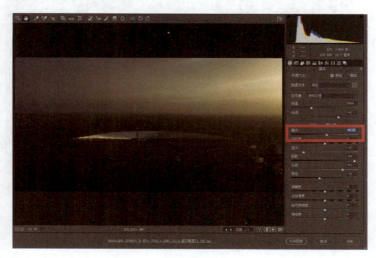

整体提亮

　　事实上，反光板应该有很多纹理，但当前看起来不是很明显，因此我们可以提高清晰度的值，具体参数如下图所示。这样一来，发电站的质感就更好了。

提高清晰度

　　接下来我们可以提高自然饱和度的值，让整个画面更艳丽一些，具体参数如下图所示。

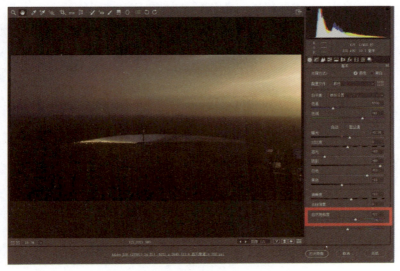

提高自然饱和度

到这一步，这张照片的基本调整就完成了，接下来我们要对它进行进一步的处理，也就是调色。

### 9.2.5　调色

这张照片是在逆光环境下拍摄的，我们来分析一下，逆光时的阳光是暖色调的，那么画面的主色调应是暖色调，冷色调主要起到烘托的作用。这时我们可以对混色器中的几种暖色调的颜色进行调整。

#### 1. 混色器调色

打开混色器面板，先对橙色进行更改，把橙色的色相滑块向左移动，给霞光加点红色，同时适当提高饱和度的值，让霞光的颜色更鲜艳一些。

将黄色的色相滑块向右移动，让黄色更明显一些，这样黄色区域会被提亮，也能增强画面中颜色的层次感。

完成亮部的调色之后，继续调整暗部的色调。我们可以看到，暗部主要集中在地景区域，这些区域中含有少量的洋红和紫色，因此我们要将这些杂色去除。将洋红的色相滑块向左移动，最大程度地减少暗部的洋红；将洋红的饱和度滑块向左移动，降低洋红的饱和度；将洋红的明亮度滑块向右移动，让洋红不那么明显。然后我们将紫色的色相和饱和度滑块向左移动，将紫色的明亮度滑块向右移动。这样一来，暗部的紫色也被去除了，我们还原了地景该有的颜色。

我们再来仔细分析一下，现在暗部其实是有蓝色的，所以笔者会在蓝色中加一点绿色。将蓝色的色相滑块向左移动，让蓝色往绿色方向靠拢一些，然后再提高蓝色的饱和度和明亮度，让蓝色中的绿色更明显一些。具体参数如下图所示。

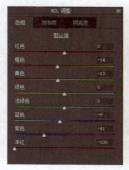

混色器调色参数

经过以上调整之后，整个画面已经初步达到了我们想要的有冷暖对比的逆光效果，最终效果如下图所示。

调色效果

### 2. 颜色分级调色

下面，我们继续对照片进行调色。在"颜色分级"面板中分别对阴影和高光的颜色进行更改：在阴影中增加一点冷色（蓝色），然后在高光中增加一点暖色（橙色），增强冷暖对比。

打开"颜色分级"面板，选择阴影，将色相的值调整到211，同时增加饱和度的值。这样一来，暗部的发电站圆盘就会有偏冷的倾向，地景和晚霞就会形成更加强烈的冷暖对比。正是因为有这样强烈的反差，冷色调的地景才能够烘托出暖色调的霞光，所以这一步非常关键。

然后我们可以在高光中增加一点橙色。选择高光，将色相的值调整到22，同时提高饱和度的值。这样一来，亮部的霞光就会有偏暖的倾向，画面的氛围感也会格外强烈。

来看一下调色前后的对比效果，可以看到，调色前的照片中的晚霞虽然有层次感，但不是很强烈，而调色后的照片中晚霞的层次感非常突出，并且画面的色彩也通透很多，呈现出冷暖对比的效果，这也是笔者想要的效果。

混色器调整参数

调色前后对比

### 9.2.6　局部调整

目前画面的氛围已经调整得差不多了，但我们还可以继续对它进行一些渲染，如在画面的中间区域添加渐变效果，将云层的暗部再压暗一些。

在界面上方的工具栏中选择渐变滤镜，在发电站顶部区域拉出一个渐变，在参数面板中稍微降低曝光的值，提高白色的值，降低黑色的值，具体参数如下图所示。完成调整之后，整个画面的重心会转移到地平线和霞光的交界处，这样画面的氛围感会更强烈。

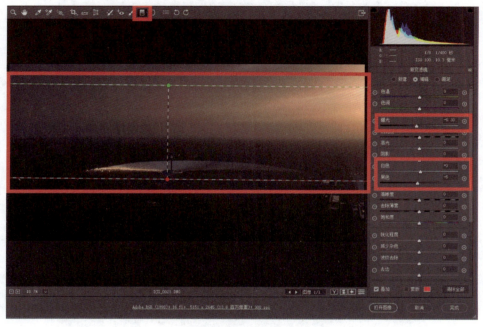

用渐变滤镜进行局部调整

接下来我们用画笔工具对发电站进行提亮处理。在界面上方的工具栏中选择画笔工具，涂抹发电站的亮部，然后在参数面板中提高白色的值，稍微降低高光的值，具体参数如下页上图所示。将发电站的亮部提亮以后，发电站的亮部和暗部的对比就会更加明显，这样做的目的是让发电站有一定的层次感。

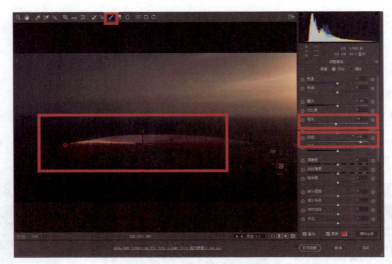

用画笔工具进行局部调整

### 9.2.7 输出前的优化

接下来我们再对画面进行锐化处理，这也是一个非常必要的步骤。打开"细节"面板，设置锐化参数，具体参数如下图所示。此时画面会变得非常锐利，而且日落的氛围感会更加强烈。

锐化处理

最后可以再调整一下画面的色调。打开"色调曲线"面板，拖动锚点以编辑曲线，制作一条 S 形曲线。注意要在暗部稍微加一点灰度（将左下角的锚点稍稍向上拖动），但是不能加得太多，如果加得太多，画面看起来会特别平淡。

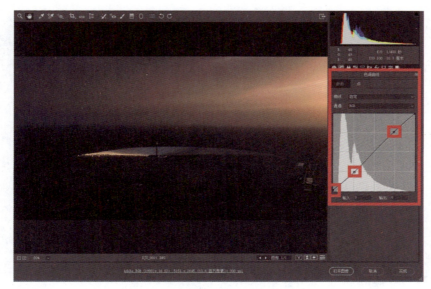

制作 S 形曲线

最终成片如下图所示，此时画面氛围感很强，对比度较高，通透感也很强。

最终成片

# 第 10 章
## 航拍视频后期剪辑

本章将介绍航拍视频的后期剪辑，你可以在 DJI Fly 上对航拍视频进行快速的剪辑处理，也可以在计算机上借助专业软件来制作更加精美的视频。

## 10.1  用 DJI Fly 剪辑视频

DJI Fly 是适配大疆无人机的多功能软件，既可以用来操控无人机飞行，也可以用来剪辑拍好的视频素材。使用大疆无人机拍摄的视频可以直接在 DJI Fly 中进行剪辑。

这里重点讲解 DJI Fly 的视频剪辑功能，帮助你熟悉整个剪辑流程。首先，打开 DJI Fly，找到主界面左下角的"相册"按钮，点击进入。

DJI Fly

DJI Fly 主界面

进入相册后，可以看到"飞机图库""航拍素材"两个选项，这里的"航拍素材"是笔者自定义的手机相册文件夹名称，你可以在手机上将其更改为自己喜欢的其他名称。"飞机图库"是指无人机存储卡中存储的素材内容，"航拍素材"则是你拍摄并存储在手机上的素材内容。

点击"航拍素材"的下拉按钮，可以选择任意一个手机相册。选择好后可根据需求再选择"全部""照片""视频""收藏"等选项，对文件夹内的文件进行查看。

选择要使用的素材

界面右上角有两个按钮，分别是"手机快传"和"批量选择"按钮。

点击左侧的"手机快传"按钮，可以进入手机快传模式，能通过连接无人机信号或扫码连接无人机的方式进行素材快传。

点击"手机快传"按钮

进入手机快传模式

点击右侧的"批量选择"按钮，可批量对素材进行删除或收藏。

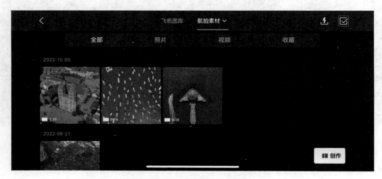

点击"批量选择"按钮

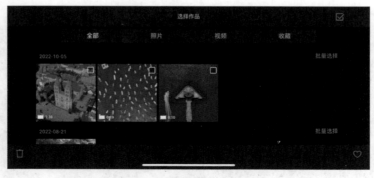

批量选择界面

在界面的右下角有一个"创作"按钮，点击进入后可开始进行视频的编辑创作。

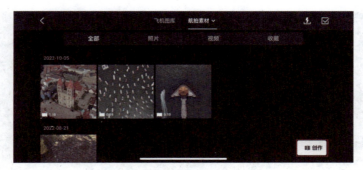

点击"创作"按钮

　　在创作界面中，可以看到"模板"和"高级"两个选项。选择"模板"选项，我们可以利用系统预设的模板生成视频内容。选择"高级"选项，我们导入素材后可用功能菜单里的功能对素材进行调整，从而生成个性化的视频内容。

视频创作界面

　　界面右上角是"我的剪辑"按钮，点击进入后可查看保存的剪辑草稿，点击对应的剪辑草稿可继续进行剪辑。

点击"我的剪辑"按钮

我的剪辑界面

### 10.1.1　DJI Fly 的模板编辑功能

选择"模板"选项,在界面右侧选择一个喜欢的模板,界面中间就会显示所选模板的样式。点击"使用"按钮即可进入该模板的素材导入界面。

模板选择界面

进入素材导入界面后,需要根据右上角提示的素材数量选择所需的素材。例如,当前选择的这个模板提示我们导入 8 段素材,那我们就选择合适的 8 段素材,然后点击"导入"按钮,就可进入模板编辑界面。

在模板编辑界面中,左上角的白色箭头是"后退"按钮,用于退出模板,退出后模板内容不会被保存;右上角是"导出"按钮,用于导出成片,导出的内容会被保存在相册中;中间部分是监视器,通过监视器我们可以实时预览成片效果。

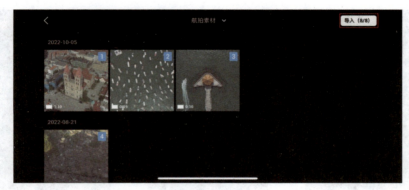

素材导入界面

模板编辑界面　　　　　　"后退"和"导出"按钮　　　　　　监视器

　　监视器下方是进度条，进度条上的白色竖线代表当前素材的播放进度，用手按住白色竖线并左右拖动可以调整播放进度；进度条左侧是"播放/暂停"按扭，进度条下方是素材缩略图，显示了已选择的全部素材，素材缩略图上的白色文字代表该素材在模板中出现的时长。界面底部是功能区，有"截取""裁剪""替换""排序""滤镜""调色""音量"等选项，我们选择任意选项可以对素材进行相应调整。

进度条和"播放/暂停"按钮 　　　　素材缩略图 　　　　功能区

　　位于功能区最左侧的是"截取"选项，若导入的素材的时长比模板的固定时长更长，系统会随机截取素材中的一段，如果你觉得不合适，可以手动截取合适的片段。选择"截取"选项，进入素材截取界面，选择一段素材，可以看到素材下方会出现一个滚动栏，用手指在滚动栏上左右滑动可以选择该素材的其他片段。

选择"截取"选项 　　　　　　左右滑动滚动栏，截取新片段

　　滚动栏下方有一个"替换该段"按钮，你如果觉得这段素材不是你需要的，就可以点击该按钮进行素材替换。点击"替换该段"按钮后，进入素材库，选择对应的文件夹，并选择需要替换的素材（素材右上角出现蓝色的"1"图标代表该素材已被选中），然后点击右上角的"导入"按钮进行素材导入。导入完成后，再用上述方法对素材进行片段的截取，确认无误后点击界面右下角的"√"按钮完成截取。

点击"替换该段"按钮　　　　在素材库中选择新素材　　　　点击"√"按钮完成截取

　　"裁剪"功能用于对素材画面进行自适应调整和旋转操作。选择"裁剪"选项，进入裁剪界面，可以看到"适应画面"和"旋转"两个选项。选择"适应画面"选项可切换为"填满画面"，选择"旋转"选项可旋转画面，更改完成后点击界面右下角的"√"按钮完成裁剪。

　　"替换"功能与"截取"功能中的"替换该段"按钮的作用相同，用来更改选定的素材。

选择"裁剪"选项　　　　"适应画面"和"旋转"选项

点击"√"按钮完成裁剪

替换功能

　　"排序"功能用来调整素材在模板中的顺序。选择"排序"选项，进入素材排序界面，可以看到目前的素材排列顺序。如果需要调整某段素材的位置，可长按素材并把它拖动到想要的位置，完成后点击界面底部的"确认排序"按钮即可。

选择"排序"选项

点击"确认排序"按钮

　　"滤镜"功能的作用是给素材添加滤镜，提供别样的呈现风格。选择"滤镜"选项进入滤镜选择界面，可以看到"原片""默认""质感""胶片""美食""电影""人像""黑白"这几大类别，每个类别下都有对应的多种滤镜，我们可根据需求自行选择。

选择"滤镜"选项

滤镜选择界面

　　选择一个合适的滤镜后，画面就会呈现对应的滤镜效果。以反差较大的"摩登时代"滤镜为例，选择该滤镜后界面下方会出现一个横向的红色进度条，按住进度条上的白色圆点并左右拖动，可以调整滤镜效果的强度，调整好以后，点击界面右下角的"√"按钮完成滤镜的添加。

　　"调色"功能用于对色彩方面的多种参数进行调整，以达到最理想的画面效果，这里建议在调色完成后再考虑是否使用滤镜。选择"调色"选项，进入素材调色界面，可以看到"亮度""对比度""饱和度""色温""暗角""锐度"选项，选择后可对画面进行相应调整。

 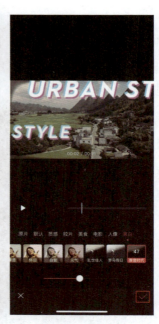

选择"摩登时代"滤镜　　　拖动进度条调整滤镜效果的强度　　点击"√"按钮完成滤镜的添加

选择"调色"选项　　　　　　　素材调色界面

　　选择"亮度"选项，按住进度条上的白色圆点并左右滑动可以调节画面的明暗。其余选项的操作类似，依次进行调节即可。

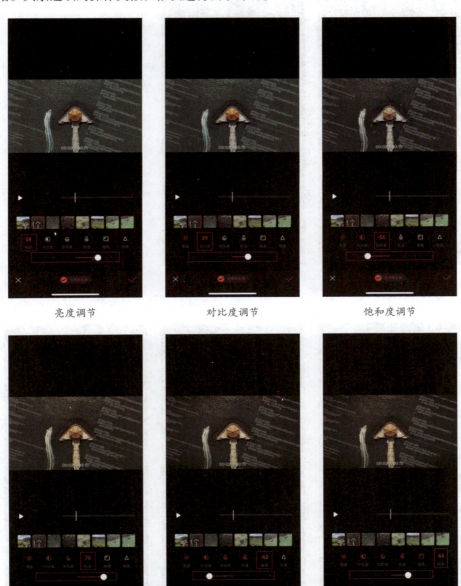

亮度调节　　　　　　　　　　对比度调节　　　　　　　　　　饱和度调节

色温调节　　　　　　　　　　暗角调节　　　　　　　　　　锐度调节

调节完所有参数后，我们可以看到界面底部有一个"应用到全部"按钮，点击该按钮以后选择"应用到全局"选项，可将设置好的参数应用到其他所有素材中。

功能区中的最后一个功能是"音量"功能。选择"音量"选项，进入音量调整界面，可对素材的音量进行调节，完成后点击界面右下角的"√"按钮即可。

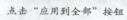

点击"应用到全部"按钮 　　　　选择"应用到全局"选项

完成所有调整后，点击界面右上角的"导出"按钮，即可得到完整的视频文件。

选择"音量"选项 　　　　　　音量调整界面 　　　　　　点击"导出"按钮

## 10.1.2　DJI Fly 的高级编辑功能

了解 DJI Fly 的模板编辑功能以后，我们再来看看它的高级编辑功能。如果你现在有闲暇时间，可以尝试跟着下面的教学指导完成一个视频的剪辑，做出属于自己的 VLOG。

打开 DJI Fly，在创作界面中选择"高级"选项，进入素材导入界面。

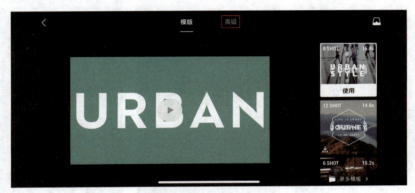

选择"高级"选项

在素材导入界面中，选择一段预先准备好的素材，然后点击界面右上角的"导入"按钮。和模板编辑功能不同的是，这里仅能导入一段素材。

素材导入界面

导入素材后，我们就可以进入高级编辑界面了，高级编辑界面和模板编辑界面较为类似，但因为只能导入一段素材，所以素材缩略图变成了时间轴，时间轴相当于模板编辑界面里的进度条，拖动时间轴即可直接查看相应的视频画面。

此外，功能区也有一些改动，其中共有 5 个选项，分别是"剪辑""音乐""滤镜""字幕""贴纸"。

高级编辑界面　　　　　　　　时间轴　　　　　　　　功能区

我们先来看"剪辑"功能。选择"剪辑"选项，进入剪辑功能区，可以看到"剪切""音量""变速""删除""复制""倒放"6 个子选项。

当我们将时间轴上的白色竖线移动至素材的任意位置时，选择"剪切"选项可以使用剪切功能，将素材切分成两段，该功能在裁剪分镜时经常使用。当我们将素材剪切以后，其中一个素材片段周围有红色方框，这代表接下来的编辑只针对该素材片段发挥作用，对另一个周围没有红色方框的素材片段不起作用。

一段素材可以被多次剪切成若干个片段。剪切点所在的位置会出现一条白色竖线和一个白色矩形图标，它们分别是切分线和"转场效果"按钮。点击"转场效果"按钮，进入转场效果选择界面，这里提供了多种转场效果，我们可根据视频的风格进行选择，完成后记得点击"√"按钮让转场效果生效。这里要提醒一点，不要频繁使用转场效果，也不要频繁地添加多种不同类型的转场效果，因为这样会让整段视频看起来十分杂乱，从而削弱视频本身的美感。

选择"剪辑"选项　　　　　　　进入剪辑功能区　　　　　　　选择"剪切"选项

　　"音量""变速"及"删除"功能不用多说。"复制"功能用于复制一段选中的素材，选择"复制"选项后可以在时间轴上看到两段相同的素材。

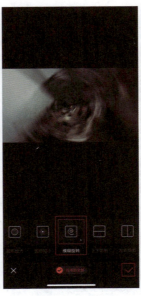

点击"转场效果"按钮　　　　　转场效果选择界面　　　　　　选择"复制"选项

"倒放"功能用于让视频倒序播放，选择"倒放"选项后，系统将自动对选定的素材进行倒放，完成后可以看到时间轴上的该段素材发生了变化。

选择"倒放"选项　　　　　　自动倒放界面　　　　　　完成倒放后的界面

下面我们来看"音乐"选项下有哪些子选项。选择"音乐"选项，可以看到6个子选项，时间轴的下方也出现了音频轴，通过音频轴我们可以看到音乐的节奏变化以及音频和视频的对应关系，这能够帮助我们更好地进行音乐剪辑。

音乐功能界面　　　　　　音频轴

我们先给视频添加一段音乐，选择"添加"选项或点击音频轴的空白处进行音乐的添加。然后我们可以看到，系统对不同的音乐类型进行了分类，选择一段匹配视频的音乐，点击"使用"按钮即可完成添加。此时音频轴上会出现这段音乐的信息，原本是灰色的其他选项现在都变成了白色，这说明我们可以对该音频进行编辑操作了。

选择"添加"选项或点击音频轴　　　　选择一段音乐　　　　　　音频轴上出现信息
　　　的空白处

　　"替换"功能用于对选中的音乐进行更换。"截选"功能用于截取音乐。比如有些音乐的前奏很长，而我们需要将音乐的高潮部分放在视频的开头，此时就可以使用截选功能。

"替换"和"截选"选项　　　　　音乐替换界面　　　　　　音乐截选界面

使用"音量"功能可以设置音乐的音量大小以及音乐入场和出场时的声音效果。其中，"淡入"和"淡出"效果适合用在视频的开头和结尾处。设置完成后点击界面右下角的"√"按钮。

使用"节拍"功能可以在音频轴上标记节拍，适合有卡点特效的视频使用。标记节拍有手动踩点和自动踩点两种方式。红色击鼓图标是"手动踩点"按钮，将音频轴上的白色竖线拖动至需要标记的位置，点击"手动踩点"按钮即可标记节拍。当然，你也可以点击"一键踩点"按钮，让系统自动识别节拍位置并进行标记，完成后点击"√"按钮。

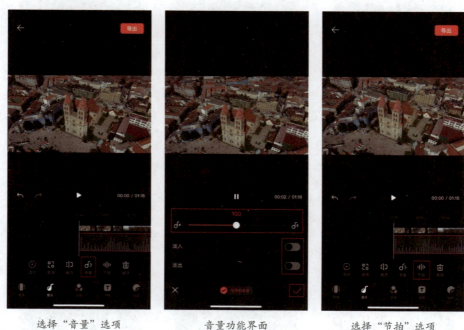

选择"音量"选项　　　　　　　　音量功能界面　　　　　　　　选择"节拍"选项

"滤镜"选项下包括"滤镜""调色""美颜"3个子选项，我们可以根据自身需求进行滤镜的选择和调色参数的设置。其中，选择"美颜"选项可对人物的面部和身材进行调整，想必大家都很熟悉了。

使用"字幕"功能可以在视频中添加文字，以丰富画面内容，起到美化、引导和提示的作用。选择"字幕"选项，再选择"添加"选项，进入字幕编辑界面，我们可以看到输入文本框和键盘，在输入文本框中输入文字，监视器中会同步显示文字内容。

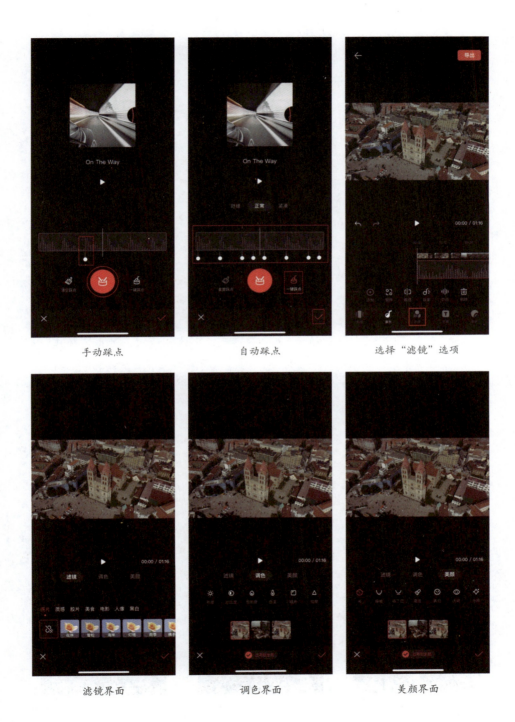

手动踩点　　　　　　　　　自动踩点　　　　　　　　选择"滤镜"选项

滤镜界面　　　　　　　　　调色界面　　　　　　　　　美颜界面

选择"字幕"选项　　　　　选择"添加"选项　　　　　字幕编辑界面

编辑好文字内容后，还能修改文字的样式、字体和位置。选择"样式"选项，可以选择文字样式。选择"字体"选项，可以编辑文字的字体和颜色等。选择"位置"选项，可按九宫格分布的方式选择文字的放置位置，还可以手动按住并拖动监视器中的文本框来改变文字的位置。

样式选择界面　　　　　　字体编辑界面　　　　　　位置选择界面

　　字幕编辑完成后回到主界面，可以看到多了一条关于字幕时间轴，拖动字幕时间轴两端的白色边框可以改变字幕的显示时长。选择"字幕"选项，再选择"动画"选项，可以给字幕添加动画效果。"复制"和"删除"选项的作用非常简单，不做过多介绍。

  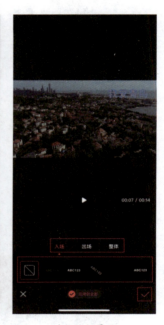

| 字幕时间轴 | 选择"动画"选项 | 动画添加界面 |

　　最后介绍一下"贴纸"功能。选择"贴纸"选项，再选择"添加"选项，进入贴纸选择界面，可以看到多种预设的贴纸，我们可以根据自己的喜好和视频内容选择合适的贴纸。

　　选好贴纸后，主界面中会出现一条贴纸时间轴，拖动贴纸时间轴两端的白色边框可以改变贴纸的显示时长。当贴纸时间轴和字幕时间轴重合时，意味着贴纸和字幕会同时出现在视频画面中。字幕时间轴显示为绿色，贴纸时间轴显示为黄色。

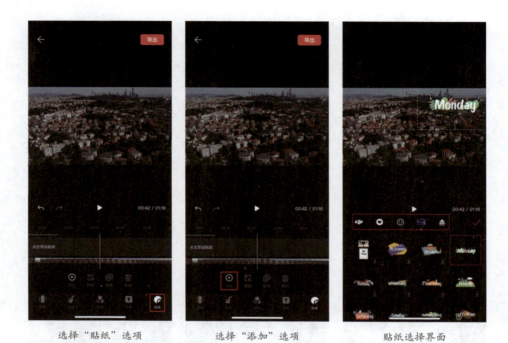

选择"贴纸"选项          选择"添加"选项          贴纸选择界面

贴纸时间轴          贴纸时间轴和字幕时间轴重合

## 10.2　用 Adobe Premiere Pro 剪辑视频

Adobe Premiere Pro，简称 Pr，是一款适用于计算机的视频剪辑软件。Adobe 公司的软件系统十分强大，例如我们熟悉的 Photoshop、Lightroom、Illustrator 等都是 Adobe 公司的产品。Pr 是视频编辑爱好者和专业人士必不可少的视频剪辑软件，提供了采集、剪辑、调色、美化视频、字幕添加、输出、DVD 刻录等一整套功能，可以帮助用户制作出电影级别的视频画面。Pr 具有易学、高效、精确的特点，可以提升我们的创作能力和创作自由度，足以让我们克服在视频剪辑和制作上遇到的所有挑战，满足我们打造高质量作品的要求。本节将以 Mac OS 的 Premiere Pro 为例，介绍一套完整的视频剪辑流程，帮助大家熟练掌握视频剪辑的核心技巧。

Adobe Premiere Pro

### 10.2.1　新建项目并导入素材

在剪辑视频之前，先要将素材导入 Premiere Pro 软件。

首先，在计算机中找到 Premiere Pro 并打开。进入软件后，需要新建一个项目，在界面左上角找到"新建项目"选项并单击，进入新建项目界面。

在新建项目界面中，我们可以看到多个分区，顶端的"项目名"和"项目位置"用于设定项目名称和项目的输出位置，我们可以根据自己的偏好进行设定。

新建项目

新建项目界面

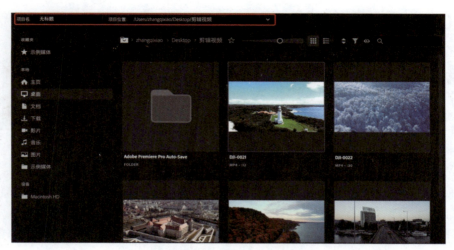

"项目名"及"项目位置"

　　在界面左侧的"本地"菜单栏中，找到想剪辑的素材。例如笔者的素材一般会保存在桌面上，所以这里笔者选择的是"桌面"选项，然后在界面中间的缩略图区域内选择一个或多个需要剪辑的素材（鼠标指针移动至缩略图上会出现一个正方形区域，单击后显示"√"即表示已选中该视频）。完成素材的选择后，单击界面右下角的"创建"按钮即完成新建项目。

选择素材并单击"创建"按钮

　　将素材导入项目面板，即可进入编辑界面。

编辑界面

## 10.2.2 编辑界面功能介绍

在编辑界面中，我们可以看到几个大的功能区域。界面布局可根据个人习惯进行自由调整。

常规界面布局的上端是节目模块，又称监视器模块，主要用于显示素材画面。

节目模块

调整缩放级别

在节目模块的左下角，可以看到一个"适合"选项栏，其用于控制画面在节目模块中的尺寸，缩放范围为10%~400%，默认选择"适合"选项。如有需要可以根据节目模块在整个Premiere Pro界面中的占比来进行手动调整。

界面左下角为项目素材显示区，这里显示的是该项目中已经导入的素材。

项目素材显示区旁边的"媒体浏览器"用于预览计算机中的其他素材。单击"媒体浏览器"后找到需要补充的素材，单击该素材后在菜单中选择"导入"选项，即可将新素材导入项目。

项目素材显示区

导入新素材

我们在界面的下端可以看到一个带有刻度尺和时间轴的区域，这里是轨道区域。其中时间轴中紫色的部分就是视频素材，时间轴会显示视频时长，"V1""V2"等是视频轴名称，多个素材可以放置在同一视频轴内，也可以并列放置在不同的视频轴内。

轨道区域

### 10.2.3　去除视频背景音

只有去除了视频背景音，才能更好地为视频重新配乐。下面介绍去除视频背景音的步骤。

在导入了一段带有音频的素材后，可以看到 A1 轴上有一段绿色的音频素材，它便是视频背景音。

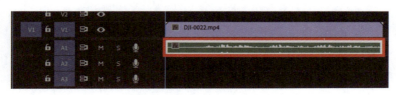

视频背景音

双击音频轴即可弹出操作选项栏，选择"清除"选项，即可删除视频背景音，只留下视频画面。

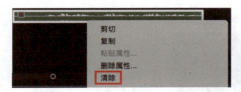

选择"清除"选项

完成视频背景音的去除

### 10.2.4　裁剪视频

在 Premiere Pro 软件中，利用剃刀工具可以方便快捷地裁剪，然后将不需要的素材片段删除。下面讲解将视频素材切割为几个视频片段的步骤。

在"工具"面板中选择剃刀工具或按 C 键。

选择剃刀工具后，将鼠标指针移动至需要裁剪的位置，此时鼠标

剃刀工具

指针变成剃刀形状，单击即可将视频素材裁剪成两段，裁剪位置会出现一条黑

色竖线。如果有多个需要裁剪的地方，可以用同样的方法对视频素材进行多次裁剪。

剃刀工具裁剪视频素材

如果需要删除某个视频片段，可以选择"选择工具"或按 A 键切换鼠标指令模式，然后双击需要删除的视频片段，弹出菜单栏，选择"清除"选项，或选中片段后直接按 Delete 键。

选择"选择工具"                    选择"清除"选项

如果要将两个不连贯的视频片段连接在一起，则需要选中后一个视频片段并向左拖动，直至它与前一个视频片段贴合，整个视频就能连贯播放。

拖动视频片段使其与前一个视频片段贴合

224

### 10.2.5　调节画面的色彩和色调

在 Premiere Pro 软件中剪辑视频时，往往需要对素材的色彩和色调进行调整。如果你觉得航拍视频的原片较暗，整体有种"灰蒙蒙"的感觉，对画面的色彩饱和度、对比度、亮度等不是很满意，就需要调节画面的色彩和色调。下面讲解操作步骤。

在视频轴中选择需要调节色彩和色调的视频素材。

单击界面右上角的"工作区"图标，选择"颜色"选项，即可在主界面打开"颜色"面板。

选择视频素材

在"工作区"中选择"颜色"选项

"颜色"面板

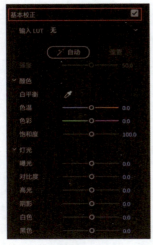

在"颜色"面板中找到"基本校正"选项并勾选，即可看到剪辑视频时常用的调参选项，包括"色温""色彩""饱和度"等。

下面以调节色温为例进行讲解，左右滑动"色温"滑块，即可调整视频的色温。向左滑动"色温"滑块，画面会变得偏冷（蓝）；向右滑动"色温"滑块，画面则会变得偏暖（黄）。

"基本校正"界面

冷色调

暖色调

除"基本校正"选项外，还有"创意""曲线""色轮和匹配""HSL 辅助""晕影"等多个选项，均可用于调整画面的色彩和色调。感兴趣的朋友可以深入学习一下。

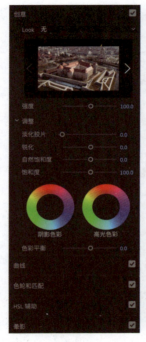

"创意"界面

"曲线"界面

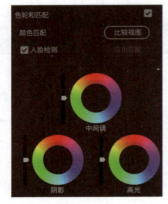

"色轮和匹配"界面

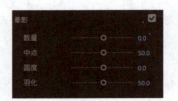

"晕影"界面

227

## 10.2.6　添加字幕

在剪辑视频的过程中，往往需要通过增加文本内容来丰富画面效果，也就是我们常说的添加字幕，这能起到介绍视频内容和丰富画面信息的作用。

在界面顶部的菜单栏中找到"序列"选项，单击"序列"—"字幕"—"添加新字幕轨道"，即可完成字幕轨道的添加。添加完字幕轨道后，再单击"序列"—"字幕"—"在播放指示器处添加字幕"，即可完成字幕的添加。

添加字幕轨道

添加字幕

完成字幕的添加

添加完字幕后，可以看到时间轴中新增了一段黄色的素材，这就是字幕素材。

双击字幕素材，会弹出字幕编辑面板，在字幕编辑面板中双击文字即可进入文字编辑模式，此时可对文字进行编辑。

文字编辑完成后，监视器中的画面会同步显示编辑好的字幕。

在"字幕"面板的右侧还可以设置字幕的字体、大小、外观等。

"字幕"面板

监视器中同步显示字幕

文字"编辑"界面

## 10.2.7　添加背景音乐

在 Premiere Pro 中，音频与视频具有相同的地位，音频的好坏将直接影响整个作品的质量。下面介绍为视频添加背景音乐的操作步骤。

我们将背景音乐的音频素材导入"项目"面板，再将音频素材拖到音频轴上，即可完成音频素材的导入。

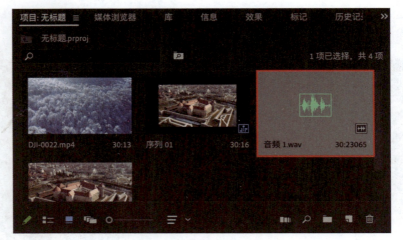

导入音频素材

将音频素材拖到音频轴上

　　此时音频素材的时长稍微大于视频素材的时长，我们可以把鼠标指针放在音频素材的末端，当鼠标指针变成红色括号时，按住鼠标左键并向左拖动音频素材的最右端，直至音频素材和视频素材的时长一致。

拖动音频素材

改变音频素材的时长

### 10.2.8　输出与渲染视频

完成一段视频的剪辑并对视频内容感到满意时，我们用户可以将视频导出为多种不同的格式。在导出视频时，需要对视频的"文件名""位置""预设""格式"等选项进行设置。下面介绍输出与渲染视频的操作方法。

首先，在编辑界面的左上角找到"导出"选项，单击后进入导出界面。

单击"导出"

进入导出界面后，可以看到多个设置面板，我们逐一对设置面板里的内容进行检查修改。

导出界面

核对完要导出视频的信息后，单击界面右下角的"导出"按钮，然后系统会弹出信息提示框，显示视频导出进度，此时只要稍等一会儿即可完成导出操作。导出完成后，系统还会弹出相应的提示框。

视频已成功导出

　　到这里，关于航拍的内容就已经全部讲完了，希望读者能够根据书中的内容反复练习无人机的航拍技巧。只有勤于练习，才能快速进步。祝大家都能早日达到理想的航拍水平，创作出优秀的航拍作品。